U0380852

L'ESPACE

[法]尼古拉斯·马丁　[法]马修·勒弗朗索瓦　著　刘芳君　译

L'ESPACE

太空

SPM 南方传媒 | 广东人民出版社
·广州·

目录
CONTENTS

序言　　　　　　　　　　　　　　　　　　　　　006　●
卡洛·罗韦利（Carlo Rovelli）

前言　　　　　　　　　　　　　　　　　　　　　010　●
尼古拉斯·马丁（Nicolas Martin）

第一章　我们在宇宙中是孤单的存在吗？　　　　015　●
弗朗索瓦·福盖特（François Forget）

第二章　黑洞的本质是什么？　　　　　　　　　069　●
阿兰·莱阿祖罗（Alain Riazuelo）

第三章　我们会回到宇宙大爆炸吗？　　　　　　121　●
桑德琳娜·柯蒂斯（Sandrine Codis）

第四章　我们会了解宇宙的结构吗？　　　　　　159　●
海伦·库尔图瓦（Hélène Courtois）

第五章　我们可以去另外一个星球定居吗？　　　199　●
罗兰·勒霍克（Roland Lehoucq）

作者介绍　　　　　　　　　　　　　　　　　　240　●

序言
PRÉFACE

卡洛·罗韦利
CARLO ROVELL

理论物理学家，艾克斯－马赛大学理论物理中心
量子引力研究小组主任

尽管历史已经绵延了数十个世纪，但人类就像一个刚刚离开村庄、发现更广阔世界的孩子。我们在自己的小星球上长大，认为它是一切的中心。后来才慢慢意识到，地球只是迷失在巨大空间里的一粒尘埃，而这个空间正在发生各种意想不到的美妙奇迹。

1609 年 8 月 25 日，在这个命运之夜，伽利略·伽利雷（Galileo Galilei）第一次将望远镜对准天空。未曾被想象过的东西出现了：木星的卫星、金星的相位、太阳黑子……人类终于睁开眼睛看宇宙了。从那时起，我们便没有停下冒险的步伐。20 世纪 60 年代初，苏联宇航员尤里·加加林（Youri Gagarine）成为第一个进入太空的人，从此开启了太空时代。之后不到十年，人类又踏上了月球。近年来，我们对望远镜工具的研发以及对宇宙物理学的理解都发生了跨越式发展，一个丰富多样、美丽惊人的宇宙出现在我们眼前。

这本带有插图的精美书籍非常值得翻看和阅读。沉浸其中，让自己被俘虏，它会把我们带到我们还不知道的新地方，引领我们去往我们还不了解的新世界。这本书会使人着迷，它的表述通俗易懂，同时内容详细、精确和深刻。

这本书讨论的是那些关于宇宙的最特别的开放性问题。首先是火星上、太阳系的卫星上、其他恒星系统的行星上存在生命的可能性——当下有生命存在吗？或曾经存在过吗？而在现实里呈现巨大复杂性的众多表现中，到底什么能被叫作"生命"？我们人类是否只是其中的一个小例子？

而黑洞，几年前还被认为是神话般的天体，现在我们能够在太空中观察到，这与爱因斯坦的理论预测完全一致。但关于黑洞仍有许多谜团：黑洞中心会发生什么？我们看到的所有落入黑洞的物质都落在了哪里？黑洞生命结束时又会发生什么？它们会不会直接消失，而不留下任何被"吞下"的物质的痕迹？它们会变成白洞吗？

　　随后，这本书还讨论了近 140 亿年前发生的不可思议的事件，那时，我们的宇宙被压缩在针头大的体积里。虽然我们在如此遥远的现在重建了宇宙的历史，这是一件非常了不起的事，但实际上，我们仍然知之甚少：我们不知道宇宙诞生前发生了什么。宇宙大爆炸是否像霍金所说的那样相当于时间的诞生？或者像圈量子引力论表明的那样，只是以前的宇宙在自我坍缩时的反弹？

　　虽然我们已经对过去 140 亿年的宇宙历史有了惊人的了解，但仍有许多谜团未解开。在我看来，暗能量并不神秘，它只是爱因斯坦方程中宇宙学常数的一种解释。不过，暗物质也完全让我们摸不着头脑：它们是我们从未直接观察到的粒子吗？或是我们目前正在经历的引力变化的影响？又或正如我的想象，是众多小黑洞存在的标志或黑洞蒸发后的残留物？

　　最后，我们能否重振伟大的太空探索梦？我们是否会前往火星？我们是否能够离开太阳系？当我还是个小孩时，经常想象成年的我驾驶宇宙飞船在太空冒险。我们可以重燃这种希望吗？

　　我们已经学到了很多关于宇宙的知识，但更多的是我们不知道的事。这本书讲述了我们所处的位置、我们所理解的事情、我们发现的无数奇迹，但这已经是我们知识的边界了。在太空领域还有很多疑点，未来的几年里，我们可能会在许多问题上改变原来的认知。当人们大胆看向远方时，往往一切都变得越来越不确定。但对探索的呼唤一直存在，它有一种不可抗拒的魅力和吸引力。这本书成功地传达了这种迷人的香气，既是对已实现的太空之旅的一次庆祝，也是开启新的探索之梦的一次邀请。

前言
AVANT-PROPOS

尼古拉斯·马丁
NICOLAS MARTIN

《科学方法》制片人，编剧和导演

这些年我虽然走在文学及其他各种形式的艺术创作的道路上，但在所有科学中，天体物理学与我保持着最密切、最亲近、最热情的关系。我确实不那么"忠诚"，对于粒子物理学、分子生物学、免疫学等领域，我也在远处持续关注着。但天体物理学和宇宙学一直是我心中的挚爱。

这种挚爱融入我的文学世界，在科幻小说中我探索科学的美妙；这种挚爱也投射在科普杂志和科学文章里，在对最新研究的解读中我满足了自己的好奇。每次阅读时，我尽可能地开阔思维，努力达到甚至超越理解的极限，而我的内心总会带有一种无与伦比的喜悦。阅读之外，这种挚爱自然是献给了夜空。在僻静的地方躺下，凝视着星空，感受时间的流逝。我记得很早就向我的教女解释过，看星星就像潜入宇宙的过去，那时她只有八岁，我想让她产生一些吃惊的新认识，更是为了激发她的好奇心。我告诉她，我们今天看到的大量星星可能已经在很久以前就熄灭了，而整个宇宙都是由恒星及其爆炸产生的原子组成的。

也正是出于这种热爱，当有人提议，我既然积累了几季《科学方法》的工作经验，可以策划一本书时，我的直接反应是："让我们做一本关于宇宙的书吧！"然而，宇宙是一个庞大的主题……

如果说在当代天体物理学和一般物理学中，有什么东西一直深深地吸引着我，那肯定是最伟大的物理学家所拥有的投入实践的能力、理论化和形式化的能力，这些能力在几年甚至几十年后让学界能够开展经验性的观察。爱因斯坦通过在他的方程中引入宇宙学常数，产生了对宇宙膨胀的直觉，尽管他拒绝了这种直觉。施瓦西通过找到爱因斯坦引力方程的某些解，预见到黑洞的发现。而弗里德曼和勒梅特则分别从数学计算中产生了关于宇宙大爆炸的直觉。

有趣的是，当苏联在 1957 年将第一颗人造卫星送入轨道时，太空时代刚刚开始，我们对宇宙的认识仍处于起步阶段。宇宙大爆炸还是一个有争议的模型，黑洞是理论上的物体，宇宙的结构不需要物质或暗能量就能连接，我们的视野内还没出现任何系外行星，将人类送入太空仍被认为是一个遥不可及的疯狂梦想……然而现在一切都不一样了。

因此，我们希望本书能总结这一历程，从构建我们对宇宙认识的这些模型开始，根据如今可以得到的理论和观测材料，对未来做出推测。为此我邀请了法国天体物理学界的重要人物——那些你们经常在广播中听到的人，我与他们进行了长时间的交流，在我的朋友马修·勒弗朗索瓦（Matthieu Lefrançois）的帮助下，专门为这本书进行了采访，最终编写为本书的章节。

我们希望这本书的模式可以与我每天制作的节目一样：所有人都能看懂，在复杂程度和涵盖主题上循序渐进，有历史的总结，有教学的框架，最后还有基于最新科学假说的推测。我希望你们能在其中找到材料来构建自己的知识体系，并唤醒好奇心，在这些精美的插图中徜徉，也放飞自己的梦——保留你内心那个伟大的宇宙之梦，让它继续下去；我希望 80 年后还有人能重新打开这本书，到那时再回望我们在理解宇宙这条路上走了多远。

第一章

我们在宇宙中是孤单的存在吗？

弗朗索瓦·福盖特

（FRANÇOIS FORGET）

法国科学院院士，行星科学家，太阳系和行星环境探索专家

火星上的水　　　　016

冰卫星的足迹　　　　036

银河系之外　　　　052

SOMMES-NOUS
SEULS DANS
L'UNIVERS ?

DE L'EAU
SUR MARS
火星上的水

　　在宇宙探索的历史中，地球之外没有生命的想法是一个相对较新的概念。当人类开始意识到其他星球是完全不同于地球的世界时，便很自然地认为这些地方也可能有生物居住。自从天文学家能够使用望远镜观察星球后，就发现火星与地球十分相似。他们相信自己看到了火星的四季交替、积雪出现，还有颜色的变化——这被认为有植被存在。于是，火星便给人一种适宜生命生存的幻想。

014 页　天文学家估计银河系有 2000 亿~4000
亿颗恒星。

017 页　地球轨道上的哈勃望远镜拍摄到一场风暴
袭击火星北极冰盖（2003 年）。

一段充满幻想的历史

如今人们已经知道，"植被"和"积雪"实际上是尘埃和干冰，但在当时，认为其他星球有人居住的想法是完全合乎逻辑的。很多人自然地相信"火星人"的存在。1877年，意大利天文学家乔凡尼·夏帕雷利（Giovanni Schiaparelli）对"河道"进行观测，这是火星上的一种地形特征，在传播时被误译为"运河"，由此点燃了许多天文学家的想象力，特别是美国人帕西瓦尔·罗威尔（Percival Lowell）和法国人卡米伊·弗拉马利翁（Camille Flammarion）。在那个时代，望远镜的精度已经达到人眼视力极限，观测者们看到了火星表面的一道道线条。这就是为什么直到20世纪60年代，几乎所有火星绘图都会给这个星球画上条纹。19世纪末，为了更好地观测火星及其著名的"运河"，富有并渴望名誉的天文学家、商人帕西瓦尔·罗威尔决定在美国亚利桑那州山区的弗拉格斯塔夫建造一座大型天文台。火星上极有可能有生命成为一件显而易见的事。然而，也有一些批评者站出来反对这种理论。其中最著名的是天文学家欧仁·安东尼亚第（Eugène Antoniadi），他在巴黎天文台墨东基地进行观测后，认为火星"运河"只是一种视错觉。

1964年，美国国家航空航天局（NASA）发射了"水手4号"，大众媒体和科学界随之迎来了震撼的发现。发射次年起，"水手4号"开始拍摄火星南半球照片，人们发现火星上有与月球上类似的陨石坑。凭借超精密设备，"水手4号"对火星大气成分进行分析，进而估算出其表面气压。在那之前，人们以为火星大气层与地球大气层相近，因此预计这颗红色星球的表面气压约为地球

火星伽勒陨击坑，由欧洲"火星快车号"探测器拍
摄（ESA- 欧洲航天局，2004—2006 年拍摄）。

的一半。令人震惊的事实是：火星大气层非常稀薄，实际上仅由二氧化碳组成，其压力不到地球的百分之一。很难想象火星人能在这种情况下生存……

曾经存在生命的可能性

由于火星上缺少现存生命的踪迹，并且环境相当恶劣，科学家们转而寻找已经消失了的古老生命的线索。自从 1972 年"水手 9 号"传来火星照片起，一场火星探索的变革到来了。在这片超过 30 亿年历史的陆地上，人们发现了类似地球河网的河床。这些流域表明火星过去的环境曾有利于液态水的存在，与其目前的干旱形象相去甚远。进一步提高照片精确度后，以下观察证实了上述发现：火星上有黏土等矿物质存在，也就是说曾有液态水浸渍并使玄武岩变质。这在地球上很常见，但在火星上出现，可以说是一个惊喜。在一些地方，沉积岩的堆积标志着古代三角洲的存在，例如法国卡玛格的罗讷河口。因此人们认为在火星历史上曾经有过一段时期，湖泊、河流甚至海洋都可能形成。

那么如何知道哪里能寻找到生命的踪迹？在天体生物学家看来，生命发展有几个条件：液态水、能源和组成生命的六种基本化学元素，即碳 (C)、氢 (H)、氮 (N)、氧 (O)、磷 (P) 和硫 (S)。并且，还需要在足够长的时间内这些条件都能得到满足。

火星上发现的有机分子

最近几篇科学出版物已经检测到火星上存在有机分子，即由碳原子和氢原子为基础形成的分子。这个发现鼓舞人心，但一定不能太快被冲昏了头

水，地球生命的基本成分

　　液态水在地球上的生命中无处不在。无论是细菌还是哺乳动物，所有生物体都主要由水组成。人们还认为，最初的生命形式产生于原始海洋中。那时还没有臭氧层，海洋是唯一能躲避太阳紫外线伤害的地方。如今，只要存在液态水，我们就会继续发现生物物种：无论这种水温度有多高或酸性有多强，生命似乎总是能设法去适应。甚至在深海热液喷口和南极冰层下的湖泊这样不宜生存的环境中，也有可能找到微生物。因此，水是一个非常适合生命发展的环境。进一步可以合理地想到，碳化学在液态水中比在任何其他介质中更有效、更快速和更丰富。这就解释了探索历史中寻找外星生命总是与液态水的存在相关的原因。

脑：有机物痕迹和生命痕迹之间的差异十分巨大。这些有机分子有可能是由非生物过程产生的，类似于热液系统中的反应，比如岩石和热水之间的相互作用。

　　科学界提出了两大探索方向：一方面，寻找古代生命的痕迹，可以是活动迹象，也可以是化石；另一方面，调查现在存在生命的可能性，在深处更温暖且存在液态水的地方，这样的环境有利于细菌生长，因此有可能存在生命。地球上就有这种情况发生，人们发现地表以下几千米处的地下水中也有令人惊讶的生物圈，其中有一种奇异的细菌进行新陈代谢时消耗氢而不是氧——换句话说，这些生命形式与地表生命形式的标准并不相同。探索地下生物，最好的办法是在火星底土中进行深钻，但目前这种操作仅靠自动装置是不可能实现的。

　　既然如此，能否间接检测到细菌活动？这也是2016年欧洲发射的火星痕量气体轨道器（Trace Gas Orbiter）的目标。这颗人造卫星在火星轨道上运行，能捕捉气体痕迹，这可以成为火星潜在生化活动的指标。

寻找考古痕迹

　　为了探测火星表面生命存在过的痕迹，应该挖掘最远古的土地，最理想的就是已经消失的湖泊底部，那里能够找到黏土，证明以前有过水源。如果这些水域能够在有利于生命出现的时间形成，就有可能捕获并保存有机物。我们可以期待在这类地方找到什么样的生命形式？当然不是像地球上的贝壳化石，从生物进化角度来看，这是非常近期的物种。在古老的火星土地上，很可能只有细菌。

　　理想的情况是发现保存完好的细菌化石。然而，即使火星上的温度远远低于地球上的温度，似乎也很难找到有数十亿年历史且保存完好的细菌。不过，这些生物能够留下它们活动过的宏观证明。在地球上，特别是在澳大利亚，最著名的例子是叠层石。

022~023 页　火星贝克勒耳陨击坑中的沉积岩，*MRO* – 火星勘
测轨道飞行器拍摄（2008 年）。

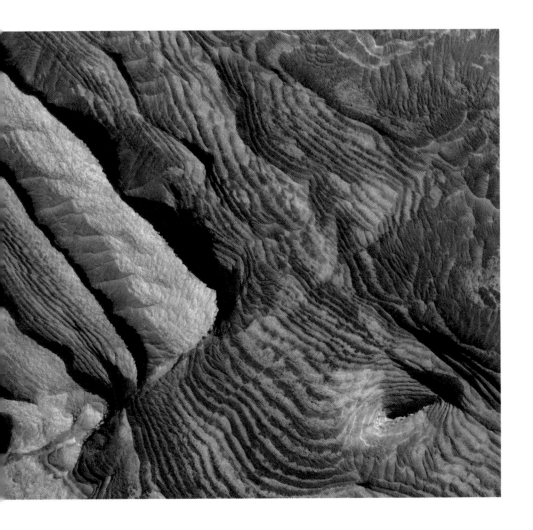

这种结构肉眼可见，乍一看让人以为是普通的地质构造：这实际上是多年来蓝细菌形成的非常精细的地层沉积物。蓝细菌也叫蓝绿藻，可以利用阳光营造出叠层岩结构。

我们还有希望检测到细菌产生的有机分子。但是怎么能确定一个有机分子是来源于生物呢？在地球上，生物体的一大特征是有机分子氨基酸的独特选择。作为蛋白质的组成成分，氨基酸在生物的结构和功能中发挥着核心作用。理论上氨基酸在空间上有两种构型，化学特性相同，但两者是镜像，就像我们的双手一样。因此，同种氨基酸的不同形式通常被叫作"左型氨基酸"和"右型氨基酸"。令人惊讶且无法解释的是，地球上所有生物体只有"左型氨基酸"。这引发了几个疑问，可能会让我们重新审视生命是如何演变的。理论上氨基酸的种类繁多，但实际上地球生物使用的只有大约 20 种。我们能在火星上找到与地球生命体内不同种类的氨基酸吗？如果这颗红色星球上存在生命，它是否也使用了两种氨基酸结构？不幸的是，这些问题目前无法回答。

另一个调查方向：进行同位素研究。每种化学元素都会存在多个版本，称为同位素。同位素可以是稳定或不稳定的，在不稳定的情况下，它们会发生放射性衰变。碳是有机生命的基础，它有几种同位素：碳 -12（地球上 99% 的碳都是碳 -12），还有稳定的碳 -13 和不稳定的碳 -14（用于考古测年）。然而，一些生物过程更容易消耗碳 -12 而不是碳 -13，如果某些火星岩石中碳 -12 的相对浓度低于其他天然岩石中的含量，这可能会成为这些岩石中生命活动的标记。

于是便有了一个推测性更强的假设：在火星上发现细菌化石，其中有类似于化石化作用的机制可以逐渐使二氧化硅取代每个碳原子（二氧化硅是一种海边沙滩中常见的矿物质）。这样的过程让细菌能够像恐龙或植物那样成为化石，从而保持自己的原始形式。

火星尤斯深谷的季节性斜坡纹线（RSL）图像，
MRO－火星勘测轨道飞行器拍摄（2019 年）。

火星表面的流动痕迹

二十年来，经常有关于火星表面流动痕迹的新发现被发布，但没有任何一个能获得科学界的一致认同。其中一些报告与火星冲沟（英文中叫 Martian gullies）有关，之所以叫"冲沟"，是因为它与山脉沟壑十分类似。长期以来，这种与地球上溪流的相似性让人们认为冲沟确实与液态水有关。然而，其他的火星观察提供了另一种解释：冬季结束时，火星上的干冰升华，而冲沟便是干冰从固态到气态的通道。

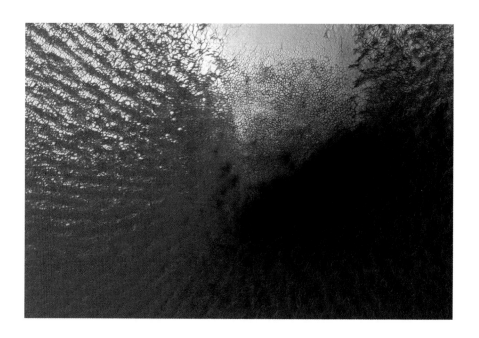

火星北极图像，*MRO*－火星勘测轨道飞行器拍摄（2014年）。火星表面大部分冰是暂时性的。

最近火星观测发现了另一种流动痕迹，叫作 RSL（季节性斜坡纹线）。这种暗流位于火星温度最高的斜坡上，与冲沟所在的位置截然不同。地球上也已经观察到了类似现象，特别是在南极洲。在我们的星球上，RSL 的形成与液态水渗透沙子的方式有关。火星勘测轨道飞行器的相机负责人注意到这种线性痕迹每年都会重现，于是提议将其称为季节性斜坡纹线。人们认为 RSL 是含盐液态水，也就是说地下水层富含矿物盐。作为一种强大的防冻剂，盐可以让水在火星的低温下保持液态。但后来，人们发现 RSL 可能是传热机制导致颗粒流动的结果，就像沙子沿沙丘滚动留下痕迹，RSL 是盐水痕迹的假设由此被推翻。

此外，还有另一个有趣的猜测。2008 年，火星探测器"凤凰号"在火星北极地区探测到了似乎是由沙子形成的流动液态水。对于科学家来说，盐滴会捕获水蒸气并产生一种液态盐水。这些盐是高氯酸盐，是一种强氧化性的化合物，几乎遍布火星。细菌可以利用这些高氯酸盐生存吗？这个问题仍然没有答案。

火星干涸的原因

虽然理论认为火星表面有流动水存在，但直到今天也没有任何发现能明确证明这一假设。火星的确是一颗富含水的行星，但大多以固体形式（冰）存在，也有小部分以气态存在，如今仍然没有发现液态形式的水。在火星诞生之初，太阳光线不强，因此火星的温度要比现在低得多。当时的火星气候是可能有利于液态水存在的，因为那时的大气层要厚得多，并产生了非常强大的温室效应。然而，大气消失的奥秘仍然没有得到完全解释。直到 2014 年 NASA 的 *MAVEN* 航天器进入火星轨道开始执行任务，人们才认识到大部分火星上造成温室效应的二氧化碳气体已经扩散到了太空中。但是通过什么过程呢？只有粒子自身的无序运动不足以导致大气逸散，这种机制可能更复杂，最有可能的原因是太阳风，即太阳不断发射的粒子流。与地球不同的是，火星没有强大的磁场来保护自己免受这种持续的轰炸冲击。另一个假设是二氧化碳会溶解在液态水中形成石灰岩。然而，由于在火星上很少发现这种类型的岩石，因此最受青睐的仍是气体逃逸到太空中的理论。

宜居带的概念

　　宜居带这一概念随着时间的推移在不断发生变化。最初，通过与地球类比，宜居带被定义为一个恒星周围温度适宜液态水存在的区域。如果只考虑星球表面的液态水，这个定义就有意义。但是一旦考虑到表层以下的液态水，宜居带的定义就会变得更加复杂。同时，天文学家们的动机也发生了变化。最初的定义在今天仍然有用，根据这一定义，天文学家们就可以选出适合检测生命的行星。事实上，只有生命痕迹或多或少存在于星球表面时才能被检测到，这样新陈代谢活动可以给环境留下明显影响，从而被科学仪器所探测。"宜居带"并不意味着真的能在星球表面上发现生命，而只是说这是一个最终可以容纳生命形式的地方。为了避免任何误解，一些天文学家更愿意用"温度适宜区"一词来代替"宜居带"。

火星任务的未来

　　目前有几个重大项目有望在未来几年得到推进。首先是由欧洲航天局（ESA）支持的非载人火星探测任务 *ExoMars*（火星生命探测计划），以及其交通工具罗莎琳德·富兰克林漫游车。*ExoMars* 任务计划于 2022 年发射，并于次年抵达火星（注：目前仍未发射）。这将是人类第一次准备在地面以下几米处取样。这个想法与其说是要发现含水层，不如说是要找到生化分子。在地下这个深度，以化石形式存在的生命痕迹比在地表上更有机会被

太阳系外行星开普勒-186f 的合成图像（2014 年），
这是第一颗在太阳系以外的恒星宜居带内发现的体积与
地球相似的行星。

地球上的生命时间表

　　根据已经发现的最古老的微生物化石，我们估计生命至少在 35 亿年前就已经出现在地球上。当时存在的物种与我们今天所认识的结构化生命形式相去甚远。那时只有细菌，这是由一个个细胞组成的微观生物体。几十亿年来，细菌和一些原始藻类是地球上唯一的生物物种，直到大约 5 亿年前发生了生物多样性大爆发，出现了结构稍微复杂的多细胞生命形式，但没有壳或骨架，比如海洋蠕虫或水母。从那时起，生命进化便不停地复杂化。鱼类和昆虫等最早的无脊椎动物在水中出现后，爬行动物、哺乳动物和鸟类在 3 亿年前开始逐渐出现。那么人类呢？我们的祖先，第一批人科生物诞生于 700 万年前。但是我们的物种——智人，只有 20 万年的历史，这对地球的生命来说只是微不足道的一瞬。

保存下来，因为来自宇宙的紫外线辐射和大气中过氧化氢（俗称双氧水）等氧化分子对有机分子具有破坏作用。

　　ExoMars 的另一个主要研究主题是将一些火星物质样本带回地球。虽然机器人及其微小复杂的仪器十分精密，但其分析能力仍然无法达到地球上实验室的水平。考虑到这一点，美国宇航局已经通过火星 2020（Mars 2020）探测任务及其探测器"毅力号"启动了样本返回计划。这个新的机器人将前往最有利于保存生命痕迹的地质区域，科学家们希望能在那里发现 30 亿年前深藏地下、后通过侵蚀作用被带到地面的地层，"毅力号"便可以采集含有有机

分子的样本，并存放在密封胶囊里仔细保存至 2026 年。随后的样本取回任务会先将它们送到火星周围轨道上的卫星上，然后再送回地球。只需几百克的样本，就足以让科学家们研究火星地质化学以及细菌发展的可能性。但是火星调查不仅仅是为了寻找细菌：它是为了探寻这个星球上过去发生的事情。

本篇总结：在火星上发现生命的概率是多少？

数亿年来，火星可能存在过湖泊和河流，这样的环境适宜生命的发展。那么，我们能从火星上的研究中期待什么呢？有这样几种选择。

悲观假设：没有任何发现。这就说明液态水不是生命出现的一个充分条件，生命的出现和发展需要一个更复杂的环境，这将使地球上的生命显得更加特殊。

中间假说：发现了有机化学的痕迹，作为非生物和生物之间的缺失环节，这将使我们在研究地球生命出现的有利机制上取得进展，目前这些机制仍然鲜为人知。

乐观假设：发现了一种与地球细菌非常相似的生命形式。这意味着什么呢？小行星撞击使得许多火星岩石被射入太空，它们可能携带细菌，而且其中一些已经落到我们的星球。地球上的生命会不会来自火星？反过来也是可能的：生命可能在到达火星之前就已经在地球上出现了。但在这种同源性的假设下，可能很难对生命出现过程做出更深了解。

奇迹假设：发现了不同于地球上的生命形式，比如不以 DNA 为基础。如果火星上的生命是独立发展，这就支持了仅仅是液态水就足以出现生命的观点，并为太阳系中其他行星也蕴藏了生命形式的推断提供了可能性。

2017 年"火星 2020"探测任务"毅力号"探测器概念图和 2016 年起第一批火星挖掘采样的合成图像。

金星上的生命

　　金星的命运与火星相似。由于其大气层被厚厚的云层所覆盖，因此长期以来它被认为尽管离太阳很近，但星球表面适宜生命生存。不过，1962年发射的"水手2号"探测器打破了这种希望。金星发出的辐射显示，它表面的温度非常高，约为450℃。这可以用一个我们今天更熟悉的现象解释，那就是温室效应。那么金星上有没有生命呢？金星在"年轻时"是否像火星一样存在海洋？要追溯一个星球的地质历史是很困难的。但我们有充分的理由相信，8亿年前金星经历过一次极其强烈的地质物理事件，星球表面被完全改变。虽然它与地球同时形成，但今天在金星上不可能找到历史超过10亿年的地方。不过金星上有一个环境仍然有可能适宜生命生存：厚厚的云层。这些云的成分中有液体，液体主要由硫酸和水组成，虽然酸度很高，但一些地球细菌只要能够在云层中轻松地从一个水滴移动到另一个水滴，它们就有可能在这样的环境中生存下来。想要证实这一观点，唯一方法就是直接到金星上去寻找这些细菌。

1977年，艺术家里克·吉迪斯（Rick Guidice）应NASA邀请创作的金星图像。

火星

太 阳 系 第 四 个 行 星

与太阳之间的平均距离	半径	质量
2.28 亿千米	3390 千米	6.4219×10^{23}kg
为地日距离的 1.5 倍	为地球的 53%	为地球的 10%

表面温度	自转周期	公转周期
−140℃ ~20℃	24 小时 37 分	687 个地球日

金星

太 阳 系 第 二 个 行 星

与太阳之间的距离	半径	质量
1.08 亿千米	6050 千米	4.867×10^{23}kg
为地日距离的 70%	为地球的 95%	为地球的 82%

表面温度	自转周期	公转周期
350℃ ~ 530℃	243 个地球日	2247 个地球日

LA PISTE DES LUNES GLACÉES
冰卫星的足迹

　　让我们继续在太阳系的旅程。这一次我们越过小行星带，在水星、金星、地球和火星这四颗岩质行星之后，进入的是气态行星——木星和土星的领域。气态行星特点是体积惊人，并且被众多卫星包围，目前木星周围有 79 颗卫星（注：2023 年最新数据为 95 颗），土星周围有 82 颗卫星。在寻找地外生命的过程中，科学家们对其中一些卫星特别感兴趣：围绕木星运行的欧罗巴（木卫二）、甘尼米德（木卫三）和卡利斯托（木卫四），以及土星的恩克拉多斯（土卫二）和泰坦（土卫六）。这些卫星被诗意地冠以"冰卫星"之名。

　　故事开始于 1979 年，当时美国发射的太空探测器"旅行者号"飞越欧罗巴，其拍摄的照片让人联想到漂着大片浮冰的景象。但不同的是，欧罗巴表面并不是普通水面上的薄冰，而是厚达数千米的巨大冰壳。在这个发现之后，1989 年美国发射的"伽利略号"木星探测器和 1997 年国际合作发射的"卡西尼号"土星探测器任务显示，其中一些冰卫星存在地下海洋层：欧罗巴和恩克拉多斯的海洋层接近地表，而甘尼米德、卡利斯托和泰坦的海洋层在更深的地方，可达地下几十千米。

037 页　"新视野号"探测器在飞越木星及其火山卫星伊奥（木卫一）时拍摄的图像蒙太奇（2007 年）。

间歇喷泉

最令人惊讶的发现是在 2005 年，当时"卡西尼号"探测器在恩克拉多斯的南极地区探测到水蒸气、气体和冰的猛烈喷发。虽然土星卫星的地壳通常有 20 千米厚，但发现恩克拉多斯南极地区的地壳要薄得多，只有不到 2 千米，而在这层薄薄的地壳和卫星地心之间存在一个巨大的液态水海洋，这就导致水可以通过地壳裂缝流出。在欧罗巴上也发现了同样的现象，但比较少见，更难观察到。不过，我们已经检测到欧罗巴上有相同类型的裂缝和盐分，证明它的深处也有液态水存在。

"卡西尼号"航天器能够在这些间歇喷泉中穿梭，收集样品并进行分析，但它不具备寻找生命迹象的能力。

使卫星升温的潮汐力

该如何解释在离太阳这么远的天体上可以存在液态水？我们知道，一个天体所接受的太阳热量随着其距离的平方而减少。因此，木星离太阳的距离是地球的五倍，它接收到的太阳能要少 25 倍，而土星要少 100 倍。因此，这些行星的表面温度远远低于 0℃。尽管这些卫星的核心通过自然放射性产生热量，就像地球的核心一样，但这种热量不足以使水保持在液体状态。

那么在这种条件下，我们如何解释这些卫星存在地下海洋呢？这就必须考虑到引力的影响，它能够使两个大体量的物体相互吸引，其质量可以决定引力的大小。在围绕木星或土星这样大的行星运行时，这种引力是不可能忽略不计的。另一个重要的参数是轨道共振，即在行星及其多个卫星之间发生的自然同步。当欧罗巴围绕木星运行一周，则甘尼米德运行两周、伊奥（木卫一）运行四周。这些卫星相互干扰，而且每颗卫星的轨道不是圆形而是椭圆形，因此当它们沿自己的轨道行进时，会越来越接近自己的行星，所以产生的吸引力会随时间而发生变化。这些吸引力的起伏被称为"潮汐力"，类似于月球对地球产生影响而引起海洋潮汐变化。冰卫星上的潮汐力非常强大，大到可以"揉搓"星体的内部。持续的摩擦加热了内层，使里面的冰块融化。这种机制类似于我们用手揉搓造型黏土，一段时间后，会感到黏土在发热。天体也一样，任何受到力学约束而变形的天体都会呈现升温趋势。

卫星离它的行星越近，这种潮汐效应就越强烈。离木星最近的是伊奥，它的内部温度非常高，液态水已经蒸发，卫星表面不断发生火山喷发。而在距离较远的欧罗巴、甘尼米德和卡利斯托上，情况则没有那么激烈。

一个可能适宜生命生存的环境

尽管冰卫星的深处存在液态水，但它们的环境仍然十分寒冷。而在地球上，绝大多数生命依赖于光，无论是植物还是浮游生物，光是食物链存在的能量基础。没有光，就没有光合作用，就不能产生氧气和有机物，这对生命的发展至关重要。所以我们如何想象生物能在永远没有阳光的冰冷卫星的深层区域生存？有许多例子表明，生物体能够利用火山的地质化学作用来获得它们生存所需的能量。地球上的"黑烟囱"就是这种情况，这些热液喷口位于洋脊的轴线上，那里没有任何光线，却发展了非常丰富的生态系统。

欧罗巴（木卫二）表面间歇喷泉的合成图像（2013 年）。

"冰卫星"欧罗巴的表面图像（2014 年），由 20 世纪 90 年代末以来"伽利略号"的拍摄照片合成。

那么由潮汐力产生的内部热量能否维持欧罗巴或恩克拉多斯地下海洋底部活跃的火山活动？尽管这一点尚未得到证实，但对恩克拉多斯间歇喷泉的物质分析显示含有二氧化硅纳米颗粒，这或许是海底可能存在的热液活动的标志，在那里液态水直接接触到了构成星体核心的岩石。根据这一观测，这种环境有利于某些形式的生命发展似乎是个可行的假设，只要海洋中有足够浓度的矿物盐，就能确保物种生长和繁殖。

甘尼米德和卡利斯托的情况略有不同。这两颗卫星情况特殊，几十千米厚的液态水海洋并不在星体的岩石核心上，而是在另一个冰层上。事实上，水在非常高的压力之下可以变成另一种形式的冰，叫作"高压冰"，它甚至能在非常高的温度下存在。因此，海洋像三明治一样被夹在两层冰之间。尽管被隔绝起

如何远程探测液态水？

即使没有亲眼看见液态水，也可以用几种方法确认它的存在。第一种是分析液态水如何扰乱天体的电磁场。就木星而言，它的电磁场强到足以让其卫星感知到微妙的电磁干扰。这种方法也证明了欧罗巴和卡利斯托的表层下面都存在一个导电层。甘尼米德的情况更为特殊，因为这颗卫星本身自带磁场（可能因为像地球一样有金属核心）。不过仪器的精准测量则告诉我们，甘尼米德也存在来自木星的电磁干扰。第二种是大地测量学，观察重力或章动的干扰，即星体自转的对称轴产生的周期性振荡。这种现象类似于生鸡蛋（内部是液体）与熟鸡蛋在旋转时的运动差异，根据鸡蛋的生熟程度，旋转的情况不会完全相同。这些方法不仅证明了液体层的存在，而且还可以估算其深度。

来，这种海洋在某些条件下仍然可以富含生命所必需的矿物质——这些矿物质本来处于更深层的岩石中，通过海洋下的冰层运动而被传送进来。

最后要考虑到的是，所有这些卫星自诞生以来就受到彗星和小行星的轰击，其表面可能留下有机分子，有时是更复杂的分子。然而，由于地质构造运动，部分外壳可能会沉入卫星内部。地球的俯冲带也有同样现象，例如加利福尼亚附近。因此可以想象，长期以来，陨石沉积在地表的有机分子到达了星体深处，最终在地下海洋中播下生命的种子。

泰坦的特殊情况

与其他冰卫星一样，土星最大的天然卫星泰坦（土卫六）内部也显示出海洋存在的迹象。首先，由于"卡西尼号"飞船携带的惠更斯探测器于2005年在泰坦表面着陆，它的磁力计（详见上文"如何远程探测液态水"）已经能够探测到泰坦的电场波动，这可以用液态水的存在来解释。其他地质测量证据也表明了海洋的存在，它的厚度有几十千米，位于地下约50千米的地方。

泰坦与其他卫星的区别在于它有一个富含甲烷的厚重大气层。当甲烷暴露在紫外线辐射和土星附近的电效应下时，会发生惊人的复杂的有机化学反应，并产生大量的有机烟尘，即由碳、氮和氢组成的复杂分子。这种烟尘被认为是泰坦呈现红色的原因。虽然这种化学物质不是来自生物，但它的丰富程度足以支持生命存在。

另外，人们还知道了泰坦内部和大气层之间可以发生物质交换，因为大气层中被测出含有某些只能在泰坦中心的岩石中形成的放射性化合物。这就是为什么一些物理模型预测，在几百万年后，分子很有可能离开星体表面，进入深处的液态水海洋。

泰坦上存在类似于地球水循环一样的甲烷循环，特别是在极地地区，一些甲烷是液态的，形成河流和湖泊。泰坦上的甲烷是否会扮演和地球上的水一样的角色，充当溶剂使分子相遇，从而诞生生命？根据这一假设，一些研究项目进行了探索，但目前这还是个推测性观点，因为这还没能解决从非生物体到生物体过渡中涉及的所有问题。

一方面，甲烷与水不同，它不容易让分子形成膜；另一方面，即使泰坦表面的压力允许甲烷处于液体状态，这种液体也过于冰冷。温度越低，分子

水，地球生命的溶剂

一个水分子由两个氢原子和一个氧原子组成，整体呈弯曲结构分布。虽然整体来看分子不带电荷，但当我们看单个原子时，情况略有不同，氧原子倾向于略带负电，而氢原子则相反。这种现象再加上分子的特殊几何形状，使水成为一个极性分子。由于相反的电荷相互吸引，这一特性使水具有一种特殊的能力，可以在邻近分子的原子之间建立电连接，称为"氢键"，而这些键并不只存在于水分子之间。由于具有极性，水成为盐类等化合物的绝佳溶剂。通过与这些盐的离子成分结合，液态水能够将它们的离子包裹在一个由几个分子组成的膜中，从而促进它们的溶解。一些有机分子属于两亲性分子，它们有一个亲水的部分，倾向于和水接触；还有一个疏水的部分，倾向于排斥水分子。许多脂类就是这种情况，它们可以相互连接，组合在一起形成膜，从而有了细胞。

泰坦碳氢化合物海洋冰块的合成图像（2013年）。

的运动就越慢，就越难相遇并发生化学反应，那么泰坦上形成生命的每个阶段所需的时间都比地球上长得多。考虑到这一点，泰坦上有没有生命存在仍然没有答案。

未来的空间任务

在美国和欧洲，人们对冰卫星的兴趣仍然很高，美国宇航局和欧洲航天局正在准备推出几个任务来进一步研究这些星体。

第一个即将被发射的是 *JUICE* 木星卫星探测器，这是欧洲航天局计划在 2022 年进行的一项任务。*JUICE* 配有专门的光谱仪，能够更好地分析和确定从卫星上逸出的分子的性质，特别是卫星上间歇喷泉的物质特性。不过，*JUICE* 的主要任务并不是寻找生命，而是研究各种冰卫星的海洋和地质情况。

美国宇航局即将进行的是"欧罗巴快船"任务，正如其名，这一探测器的目标是木卫二欧罗巴。除了配备比之前的探测器更精确的磁强计之外，欧罗巴快船还将拥有一个用于探测冰层的雷达。它的目的也不是寻找生命，而是更好地了解星体深处到底发生了什么。欧罗巴快船的仪器将用于准确估计地下海洋的深度，并确定是否存在火山活动。科学家们希望这次所获得的结果能够为未来寻找生命的新任务做好准备。然而，目前欧罗巴快船的出发日期仍不确定，最初计划是于 2025 年发射，现在还不能保证新的发射火箭可以在预定日期前投入使用。

以上这些空间探测器仅限于木星周围轨道上活动，美国还有一项长期计划，准备发送一个登陆器探索欧罗巴的表面，从而更好地了解这颗卫星。至于土星卫星，2034 年泰坦将迎来"蜻蜓号"探测器。"蜻蜓号"将探索相隔几千米的几十个目标地点，它的活动范围比漫游车更大。由于泰坦的大气密度是地球的四倍，重力比地球弱七倍，"蜻蜓号"的探索模式将会非常适用。

探索完陆地后，最后一步当然是派一艘潜艇进入这些地下海洋之一进行勘探。虽然这类项目很可能有一天会成为现实，但毫无疑问，至少要等到下个世纪才能实现。如何穿透地表到达水中，这是目前的主要困难之一。最简单的方法是加热冰块使其融化，向地下行进几千米到达海洋。不幸的是，考虑到表面冰的特性，特别是热传导的问题，想要找到一个合适的热源实现这种操作是不现实的。第二个方法是挖掘地壳，但这种操作在技术上也难以实现。那么是否有可行的样本返回方案呢？在目前以及未来很长一段时间内，从技术角度来看，这仍然遥不可及。

本篇总结：冰卫星上发现生命的概率是多少？

自从发现木星和土星可能有生命存在以来，这些冰卫星引起了科学界的持续关注。多年以来，甚至出现了太阳系中其他冰冻的天体可能也有液态层的观点。天文学家们根据所掌握的所有数据，推测像冥王星这样处于太阳系边缘的矮行星，也可能藏有地下海洋……

冰卫星

木星的卫星

木星与太阳之间的距离：7.78 亿千米
（为地日距离的 5.2 倍）

欧罗巴（木卫二）

E U R O P E

与木星之间的平均距离	半径	质量
67.11 万千米	1560 千米 为地球的 24%	4.8×10^{22}kg 为地球的 0.8%

表面温度	自转周期和公转周期	
-140℃	3 个地球日 13 小时	

甘尼米德（木卫三）

GANYMEDE

与木星之间的平均距离

110 万千米

半径

2630 千米
为地球的 41%

质量

1.482×10^{23}kg
为地球的 2.5%

表面温度

−160℃

自转周期和公转周期

7 个地球日 4 小时

卡利斯托（木卫四）

CALLISTO

与木星之间的平均距离

190 万千米

半径

2410 千米
为地球的 37.2%

质量

1.076×10^{23}kg
为地球的 1.8%

表面温度

−140℃

自转周期和公转周期

16 个地球日 16 小时

土星的卫星

土星与太阳之间的距离：14 亿千米
（为地日距离的 9.5 倍）

恩克拉多斯（土卫二）

ENCELADE

与土星之间的平均距离	半径	质量
23.8 万千米	252 千米 为地球的 4%	1.079×10^{20}kg 为地球的 0.002%

表面温度	自转周期和公转周期
−200℃	1 个地球日 9 小时

泰坦（土卫六）

CALLISTO

与土星之间的平均距离	半径	质量
120 万千米	2570 千米 为地球的 40%	1.345×10^{23}kg 为地球的 2.3%

AU-DELÀ DE LA VOIE LACTÉE
银河系之外

　　太阳系：由 1 颗恒星和 8 颗行星（自 2006 年以来，冥王星不再被认为是一颗行星，而是一颗矮行星），以及无数的卫星组成……其中有几个星球可能有不同生命形式存在。让我们换一个更广泛的视角来看：天文学家估计，我们的星系，即银河系，包含了 2000 亿至 4000 亿颗恒星，而银河系只是浩瀚宇宙中众多星系之一。这些天文数字引发了一个关键问题：如果宇宙中其他地方存在生命，我们如何才能到达那里去证实？

　　第二次世界大战后，第一批射电望远镜迅速发展，这为接收来自假定存在的地外文明的信号提供了可能。对此，美国天文学家法兰克·德雷克（Frank Drake）提出了"德雷克方程"，旨在计算与地外生命形式进行接触的概率。但在这个看似简单的理论背后却隐藏着复杂的科学问题：有多少恒星拥有自己的行星？而这些行星中，有多大一部分可能有生命形式存在？这些生命形式中有多少可以进化得足够先进，从而能够与我们交流？

053 页　银河系中心区域图像，由哈勃望远镜、斯皮策太空望远镜和钱德拉 X 射线望远镜拍摄的三张照片合成（2009 年）。

种类繁多的太阳系外行星

生命如果要在太阳系外存在，就必须找到一个星球作为容身之所。最近一场科学革命正在致力于确定宇宙中存在大量行星。

1995 年，人们发现了第一颗围绕类似太阳的恒星运行的行星。这颗太阳系外行星（或者简称为"系外行星"）被叫作"飞马座 51b（51 Pegasi b）"，这是以它所围绕的恒星飞马座 51 (51 Pegasi) 命名的。此后，科学家们又在几百颗恒星周围发现了数以千计的其他系外行星，这时候他们才能够肯定大多数恒星可能被行星所环绕。

随着这些新世界的面纱逐渐被揭开，人们发现由内部岩质行星和远离恒星的巨行星组成的太阳系结构并不是一种常规形式。在这个全新的银河系星谱中，太阳并非恒星中的典型，它比大多数被研究的恒星大。通常行星系统看起来更像是一系列类似海王星的行星，围绕一颗比太阳更小的恒星运行。人们还观察到，这些系统中行星的运行轨道距离其恒星也更近。

但是，我们需要正确看待这种分析，因为观察结果会有很大偏差。首先，行星系统中有顺序等级：质量越小的恒星，其周围行星的分布就离它越近。另外，离地球更近的星星总是更容易被观察到。而且，对系外行星的研究严重受我们现有探测方法的工作特性制约。

历史上第一批被发现的系外行星非常巨大，其公转轨道极为接近恒星，因此得到了"热木星"的绰号。人们一度认为大多数系外行星会是这种类型。但事实上"热木星"的数量并没有那么多，在一些小恒星周围，被发现的更

TRAPPIST-1 行星系统（*Trappist* 凌星系外行星和
星子小望远镜和斯皮策空间望远镜发现）的合成图像
（2017 年），从地球可以观测。

多是与地球大小相当的岩质行星。从我们最近的邻居比邻星开始，它与太阳系之间只有 4 光年的距离，质量是太阳的十分之一。2016 年，我们在这颗红矮星周围的宜居带内发现一颗系外行星"比邻星 b"。然而，由于仪器的技术限制，目前我们还无法观测到这种类型的系外行星如何围绕太阳般大小的恒星运行。

系外行星和液态水

在很长一段时间里，人们发现了不少岩质行星，质量达到地球的 10 倍，但它们距离自己的恒星不是过于接近就是过于遥远。直到 2011 年，第一批宜居带内的岩质行星才被发现——也就是说，在这个空间区域内的行星表面可能存在液态水，不过"可能存在"并不意味着这些系外行星上真的存在海洋。目前还没有任何办法对这些行星表面进行拍摄，也就无法寻找任何生命迹象。更不用说大部分这类行星围绕 M 型恒星运行，M 型恒星在形成之初温度非常高，其含有的所有水可能早已蒸发。

如今仪器的进步使我们能够开始研究（系外行星）大气层的组成，但这仅限于较大的行星。对某些行星来说，我们可以确定它们的质量和大小，从而得到其平均密度。有了这些信息，我们就有可能更准确地了解它们是由什么组成的。

现在请设想一下，我们在宜居带发现了一颗新行星，它的大小是地球的两倍，但密度较低。对此有两种可能的解释：第一个假设是，该行星地幔上部（地核和地壳之间的中间层）含有非常丰富的冰，冰的密度比地球地幔的岩石小。在距离恒星如此之远的地方，一部分水必然处于液体状态。那么我们将面

德雷克方程

20 世纪 60 年代初，弗兰克·德雷克（Frank Drake）提议设立 SETI（搜索地外文明）计划。他认为，如果存在一个技术上至少和我们一样先进的外星文明，它一定能够向我们发送信息。因此我们更有理由开始倾听宇宙的声音……但这样的信号存在的概率是多少？研究人员试图通过提出一个方程式来寻找科学答案，便有了如今以德雷克命名的方程。这是一个包含 7 个要素的公式，以推导地外文明存在的可能性：

🪐 银河系中的恒星数量（R*）；

🪐 这些恒星中拥有一颗或多颗行星的比例（f_p）；

🪐 这些行星中可能存在生命的数量（n_e）；

🪐 这些行星中能够出现生命的概率（f_l）；

🪐 这些行星中能够发展智慧文明和先进技术的概率（f_i）；

🪐 这些智慧文明发出的信号可以在很远的距离外被接收的概率（f_c）；

🪐 文明的平均寿命（L）。

如果这些因素的乘积计算出的数字 N（$N = R^* \times f_p \times n_e \times f_l \times f_i \times f_c \times L$）大于 1，那么在我们银河系的某个地方，应当有 N 个文明能够与地球进行交流。

对一颗海洋行星，即一颗完全被液态水的海洋覆盖的系外行星。第二个假设是，它像地球一样周围有厚厚的大气层，不过成分主要是氢气，是一种"迷你海王星"。目前还不确定这两种假设中哪种是对的。

探测系外行星的方法

　　天文学家主要使用两种方法来发现一颗恒星外轨道上运行的系外行星。想要直接看到一颗距离遥远的行星是非常困难的，因为它不发光，而且几乎不会反射来自其恒星的光线。历史上最早使用的方法是视向速度法。当一颗行星围绕一颗恒星运行时，它对恒星产生引力，使恒星轻微移动。虽然这种移动肉眼看不见，但我们可以通过恒星发出的光来观测。这种现象类似于声音的多普勒效应：当一辆救护车接近或远离我们时，我们会觉得警报器似乎改变了音调。就一颗恒星而言，随着运动的变化，它的光线时而显得更蓝或更红一点。行星的质量越大，离恒星越近，这种变化就越明显。根据视向速度法就可算出这颗系外行星的最小质量。另一种方法是凌星法。当一颗行星从恒星前面经过引发"迷你日食"时，就可以识别到恒星亮度下降。行星越大，恒星越小，亮度的下降程度就越大。根据凌星法可算出系外行星的大小。理想的情况是两种观测方法都使用，以获得最大的信息量，但有时这很难实现。

　　为了在寻找地外生命方面取得进展，必须更好地了解这些系外行星的大气成分和气候条件。有几个行星系统已经引起了天文学家的注意。首先是比邻星b，这是一颗比我们的地球质量稍大的行星。遗憾的是，相较比邻星b的轨道而言，地球所处的位置不好，无法用凌星法来进行研究，因此很难得知比邻星b的体积。另一个是TRAPPIST-1行星系统，它于2017年被发现并被媒体报道。而且有充分的理由：母恒星是一颗非常小的红矮星——质量只有太阳的

1/10，其周围已经发现不少于 7 颗行星在运行。TRAPPIST-1 行星系统非常紧凑，整体距离比太阳和水星之间的距离还要近。然而，由于这颗恒星没有太阳那么热，因此尽管它的行星排列紧密，但宜居带内只有 3 颗行星。

那么如何判断这些行星上是否有液态水的海洋？由于没有办法直接观察行星表面，我们需要设计出间接探测方法，例如使用光谱学来寻找行星大气中的水蒸气。

为此，我们要研究当行星经过时，来自恒星的光线穿过行星大气层被吸收或发生偏转的方式。这些改变是构成行星的化学元素的特征表象。这种方法的主要困难之一在于目前测量仪器所能达到的精度有限。

对生物特征的艰难探索

我们怎样才能更进一步，在这些星球上找到生命存在的证据？第一步是明确什么能构成生物活动的证据——用科学语言来说就是"生命征迹"。而这个定义在天体生物学界还远未达成共识。一个经典的定义是认为生物特征是化学不平衡的标志，这种不平衡只能由生物活动来解释。

例如，地球大气层中有 21% 的氧气。这种几乎完全来自于生物的氧气，也是臭氧存在的原因。如果一个星球的大气层中存在这些气体，人们就会倾向于认为它类似地球，特别是如果二氧化碳和水蒸气也存在的话，这种观点会更有说服力。水蒸气被认为会破坏臭氧，所以这将是一个更有力的迹象，表明这个星球上有一个氧气再生的来源。

但主要问题仍然是如何从搜集证据到得出证明，这个过程必然是艰难而漫长的。那么可信的方案是什么？新一代望远镜——*JWST* 和 *ELT* 将迈出第一步，

开普勒太空望远镜的合成图像（2018 年）。由于航天器燃料耗
尽，开普勒望远镜在空中飞行 9 年后正式退役。

它们将检测这些大气层的组成，然后再下一代的仪器将接替它们的工作。对于收集到的每一条线索，研究人员将通过思考构建大气模型，尝试排除非生物活动影响以解释这些观察结果。对于大部分的案例，他们可能会成功地提供一个科学上可接受的解释。但是对于那些非常不确定的情况，合适的方案是建立一个专门用于这些行星的成像仪器。那么我们能不能像对火星或木星那样，向这些天体发送一个探测器？距离是一个不利因素。仅就离太阳系最近的恒星比邻星而言，以如今的火箭发射能力，探测器需要几万年才能到达。因此，巨型望远镜可能是我们在未来观察系外行星的有限方法。

除了氧气之外，其他大气标志物也可以表明存在生物活动。我们会发现一个成熟文明的活动所造成的大气污染吗？有可能，但这很难被证明。会发现核试验吗？理论上来说不会，因为核试验所留下的痕迹无法在这么远的距离被观

未来的望远镜

望远镜可以分为两大类：空间望远镜和地基望远镜。空间望远镜的优点是可以在太空真空中工作，周围不会有明显的背景噪声，但是发射时空间望远镜需要被限制在相对紧缩的空间里。相比之下，地基望远镜可以占据更大的空间，但会受到大气层的干扰。最著名的空间望远镜是 1990 年发射的哈勃望远镜，一些我们宇宙中各种星系的最美的图像就是由它拍摄的。哈勃望远镜的继任者——JWST（詹姆斯·韦布空间望远镜），在经历过几次推迟后，于 2021 年发射。JWST 的任务之一是研究行星系统，其综合观测能力比哈勃望远镜强 100 倍，因此一些科学家设想其能够探测到系外行星周围可能存在的卫星。而在新一代地基望远镜中，即将到来的是 ELT（特大望远镜）。这个巨大的望远镜将建在智利的阿塔卡马沙漠——这里因为光污染和大气污染程度低而闻名，并因此成为观察宇宙深处的最佳地点。ELT 计划于 2025 年投入使用，它的主镜直径为 39 米，将会是最强大的地基望远镜，能够研究系外行星的大气层，以探测水蒸气、二氧化碳或氧气分子。

"阿丽亚娜 5 型"火箭上的 *JWST*（詹姆斯·韦布空间望远镜）合成图像。该任务于 2021 年从法属圭亚那发射。

察到。反过来说，如果外星人从远处观察地球，他们会看到什么？地球表面上有许多生命迹象：氧气、臭氧、甲烷，甚至还有各种奇怪的污染物，比如氯氟烃（CFCs）等造成臭氧层空洞的温室气体。检测大气成分仍然需要更精细的手段。美国天文学家卡尔·萨根（Carl Sagan）是这类推理的伟大先驱，他是较早重视在宇宙范围内研究生命的人之一。卡尔·萨根利用"伽利略号"探测器飞过地球时的数据，想知道是否有可能通过探测器观测到地球这个小小的蓝色星球实际上有人居住。虽然这项工作很有趣，也很激发人的智力，但这仍然是推测性的观察。目前的巨大挑战不在于发现惊人的线索，而是证明这些线索是生命存在的迹象。

尽管存在各种各样的限制和问题，但能够调查和发现这些线索本身就是一个巨大的成就。

"但他们在哪里？"：外星人和费米悖论

如果我们认为地球以外的宇宙中存在地外生命，那么不是应该已经有了证据吗？这大体上就是意大利物理学家和诺贝尔奖得主恩利克·费米（Enrico Fermi）在 1950 年提出的问题。十年后，弗兰克·德雷克对相关问题做出了更正式的表述。根据费米的说法，地外文明的数量是如此之多，但无法解释为什么我们从未见过任何关于它们的证据。如何走出这个明显的悖论？

如果一个外星文明希望与地球沟通，那么我们必须找到聆听的办法。虽然现代射电望远镜实现了技术性进步，但如果认为我们仅凭借目前所有可能的广播频率就能聆听到所有星体的信号，并解码任何信息，那就错了。即使是像SETI（搜索地外文明）这样在创建之初充满雄心的科学计划，也只能观察附近

位于加利福尼亚州的艾伦望远镜阵列（ATA），这是 SETI 计划的一部分，
目的是寻找地外智慧生命的信号。

的星体，而无法聆听整个宇宙的情况。事实上，一颗恒星越是遥远，它的行星
所发出的无线电信号就越是弥射，到达地球时已经衰减得很厉害，因而无法被
观测。2015 年，由俄罗斯亿万富翁尤里 · 米尔纳（Yuri Milner）提供部分资
助的"突破聆听（Breakthrough Listen）"项目启动，计划将聆听能力扩展
到靠近太阳系的 100 万颗恒星。

另一个同样重要的因素是规模。宇宙中传播最快的是光，其速度有限，而对于我们所能探索到的附近区域，即便是在宇宙形成的 137 亿年里，也没有任何光的信号到达。这意味着还有巨大未知区域有待发现。我们被限制在自己的星系，即银河系，这是由一个核球和几条旋臂组成的棒旋星系。太阳和地球位于其中的一条旋臂，距离核球约 2.6 万光年。这是一个相当惊人的数字，但就宇宙而言非常微小，而就系外行星和我们的距离而言则更是微乎其微。径向速度法只能观测到几十光年外的星体，还有一个获得系外行星数据的主要方式是开普勒望远镜，但它的观测能力也只限于宇宙的一小部分，我们已经通过开普勒望远镜发现了数百颗恒星，绝大多数比太阳小。据估计，在我们周围 30 至 40 光年的气泡中，只有大约 20 颗像太阳这样大小的恒星。

还有一个需要考虑的标准是同步性。我们"聆听"太空的历史只有半个世纪，与太阳系的 45 亿年相比，这段时间微不足道。两个文明在相近的时间发展起来，并且足够先进，可以相互交流，这种概率是不是无限小呢？只要德雷克方程中的变量还不确定，就很难说。我们观测到的行星越来越多，但其中有多少会有液态水？又有多少经历了生命的诞生并进化到与地球人类文明相似的程度？在我们所处的微小而可被观察的气泡中，不太可能再发现其他文明，但这并不意味着在银河系的其他地方，甚至在其他星系中没有文明存在。

最后，通信信号的问题只是费米悖论的一部分，费米悖论还提出了其他问题，特别是星际旅行和外星人遗留物的问题。地球已经存在了 40 亿年，因此如果有一个先进的外星文明，它有足够的时间来到地球并留下它的印记。

本篇总结：在宇宙的其他地方发现生命的概率有多少？

从历史角度看，我们关于地球物理学或有机化学的知识建立在唯一可研究的案例上——那就是地球，这里一切都在运行。长期以来，这种优越的观点使我们认为太阳系是所有行星系统的模板。人们也仍然认为，有液态水的行星才有可能支持生命存在。

自费米悖论出现以来，许多科学家提出了他们自己的解答，但这些观点目前还难以被证实。其中最吸引人，也可能最受批评的是美国物理学家约翰·鲍尔（John Ball）于 1973 年提出的"动物园"假说。鲍尔认为，如果我们没有遇到地外文明，那只是因为它在远处观察我们，避免与我们互动，以免影响人类的自然进化。动物学家在自然栖息地研究野生动物时就会这样做，或许出于同样的考虑，外星人也选择这种方式观察地球。我们有理由相信，这也是人择原理的一种表现，旨在使我们的科学方法和知识具有普遍性。科幻小说也不甘示弱，纷纷提出解决费米悖论的方法。"动物园"假说让人想起《星际迷航》系列中的"首要指令"，该指令禁止航天员对技术上不太先进的物种发展加以干涉。也许我们还需要更多时间和更多科学发现，才能从这种思想偏见中解脱出来，这种偏见有些沙文主义，但归根结底反映了人性深处的想法。

第二章

黑洞的
本质是什么？

阿兰·莱阿祖罗
（ALAIN RIAZUELO）

法国国家科学研究院（CNRS）巴黎天体物理研究中心的研究员，

原初宇宙学和黑洞专家

一个成为事实的概念　070
几种可能的起源　　　086
揭开灰色区域的秘密　106

QUELLE EST
LA NATURE DES
TROUS NOIRS？

UN CONCEPT
DEVENU RÉALITÉ
一个成为事实的概念

　　黑洞：一个宇宙中看不见的怪物，可以吸附并困住所有经过的东西。作为幻想的源泉，黑洞的概念激发了许多科幻作品，例如 1989 年美国作家丹·西蒙斯（Dan Simmons）的小说《海伯利安》和 2014 年克里斯托弗·诺兰导演的电影《星际穿越》。黑洞的存在往往会联系到爱因斯坦的相对论，这一理论改变了我们对空间和宇宙的理解。实际上，早在相对论之前，人们就怀疑有黑洞这种物体的存在，不过那时它们还不叫黑洞。

068 页　在这张由哈勃太空望远镜拍摄到的图片中，棒旋星系 M83 的红色和蓝色部分是恒星形成的地方（2017 年）。

071 页　位于超致密矮星系 M60-UCD1 中间的超大质量黑洞的合成图像（2017 年）。哈勃望远镜和双子座北望远镜已经确定了它的存在。

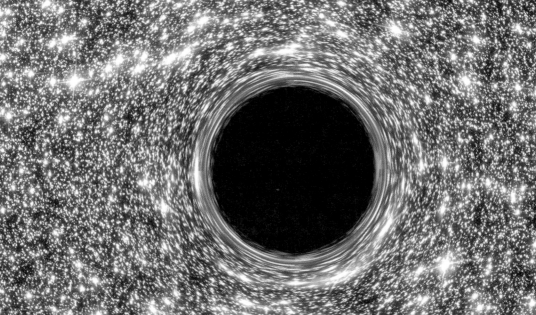

黑洞和逃逸速度

在天文学中，"逃逸速度"指的是一个没有自主推进力的物体为摆脱恒星的引力飞离所需的速度。在地球上，这一速度刚刚超过 40000 千米 / 小时。牛顿在 17 世纪末提出的万有引力方程可以解释这个概念。

当时的共识是，光不是瞬时传播的，而是以一定的速度传播，这个速度非常快，但仍然是有限的，大约每秒几十万千米。作为对比，地球绕太阳一周需要一年的时间，但光线只需要大约 50 分钟就能走完同样的距离。也就是说，光走完空间中两点间的距离需要一定的时间。考虑到光像其他物体一样受到引力的影响，就可以合乎逻辑地推论出——如果一颗恒星的密度足够大，其逃逸速度将大于光速，光最终将被困在这颗恒星的引力场中，永远无法逃脱。因此这个物体的光线无法到达我们，我们就会有一种面对着一个完全看不见的物体的印象。

在什么条件下会有这样的星体存在？为了找到答案，18 世纪末，法国科学家皮埃尔 - 西蒙·拉普拉斯（Pierre-Simon de Laplace）和英国科学家约翰·米歇尔（John Michell）研究了这个问题。他们用太阳作为参照物：如果太阳是个黑洞的话，它的体积需要有多大？根据他们的计算，太阳需要比现在小 20 万倍，也就是密度要增大到数百万亿倍：这个数字在他们看来是完全荒谬的。他们还进行了另一个计算：如果有一个黑洞密度与地球相同，它看起来会是什么样子？拉普拉斯和米歇尔确信，它与太阳之间的距离将比地日距离大，而质量要比太阳大几百万倍。这一问题的结果也同样显得很疯狂。

然而在 20 世纪初，情况发生了变化，密度更大的恒星白矮星被发现。白矮星是已经达到生命终点的恒星的"尸体"，因其自身的重力而被压缩。自 19 世纪末以来，人们一直怀疑白矮星的存在，但直到 20 世纪才真正发现并开始研究它们。这种天体的质量可以达到太阳的级别（地球质量的 33 万倍），但体积被压缩到与地球相当的大小，因此密度高达每立方厘米 1 吨左右。

白矮星的存在提出了一种可能性，即宇宙中存在密度更大的物体，黑洞可能不仅仅是一种假设的思想实验。不过与黑洞相比，白矮星的体积还是大了 1000 倍，密度小了 10 亿倍。

理论革命：爱因斯坦的广义相对论

1905 年，阿尔伯特·爱因斯坦（Albert Einstein）提出光是由质量为零的一个个微粒组成，这些微粒后来被称为光子。10 年后，爱因斯坦建立了广义相对论定律，彻底改变了我们对引力的理解。从那时起，所有必要的概念和数学工具都可以成为处理黑洞问题的严密方法。至少在纸面上是这样，因为无论是构思这一理论的爱因斯坦，还是第一个观测证实了广义相对论的英国天文学家亚瑟·爱丁顿（Arthur Eddington），都不相信黑洞的存在。由于最有可能积极研究该问题的两位研究人员都失去了兴趣，大约 20 年后，黑洞才被真正认真对待。

事实上，爱因斯坦认为这些方程太复杂而无法找到确切的答案。他更感兴趣的是他的理论将如何影响太阳系的运动，因此他在一开始计算得出的只是连续的近似值。然而，有一位物理学家提出了不同的想法，这就是德国人卡尔·施瓦西（Karl Schwarzschild），他特别想知道以爱因斯坦相对论来看，球形物体的引力场会是什么样子。他发现对于足够大的物体来说，用爱因斯坦的方程进行计算和以更经典的牛顿的方法得出的结果类似。然而，一旦物体的密度变得非常大，其附近就会出现奇怪的现象。施瓦西并不了解这些结果的意义，而且不幸的是，他没有时间去了解：第一次世界大战期间，他在俄罗斯前线感染上一种不治之症，三个月后便去世了。

074 页　1931 年的阿尔伯特·爱因斯坦（Albert Einstein）。1927 年，他发表了著名的讲话"上帝不会掷骰子"。

076~077 页　最原始的超大质量黑洞之一的合成图像（2010 年）：离我们非常遥远，它在星系形成的最初时刻就出现了（它的吸积盘没有尘埃）。斯皮策望远镜已经探测到了 130 亿光年之遥的黑洞。

直到 1939 年，美国物理学家罗伯特·奥本海默（Robert Oppenheimer）才提出了对这些方程的解释，从而打破了僵局。对于一个给定的质量，只有在一定的尺寸以下，一个物体才能成为一个黑洞。但是刚好达到这个数值标准时物体会发生什么？我们能否描述物体成为黑洞时的变化？奥本海默假定，一个比黑洞大的物体，如一颗恒星，既有倾向于使它收缩的重力，也有起反作用的内部压力，两种力不断对抗从而保持平衡。他从中得出了一个基本模型，以研究如果恒星内部的压力突然被移除会发生什么。奥本海默的计算说明了物体运动的差异取决于观察者的位置，这是广义相对论中的一个常见现象。对于外部观察者来说，当物体体积达到与其质量相对应的黑洞大小时，它就会收缩并冻结。但对于处于物体表面的观察者来说，这种收缩似乎没有极限。就像在地球表面和在国际空间站的轨道上，虽然时间流动的速度不一样，但这种差异很小，可以测量，所以对黑洞的感知也取决于你所在的位置。奥本海默的严谨方法解决了人们对爱因斯坦理论中可能存在的不一致性的担心。他的研究结果表明了如何准确地描述恒星变成黑洞的时刻。在这个变化期间，物体成为一个与宇宙其他部分隔离的空间，其表面的观察者无法向外界发送信号。

同一时代的美国物理学家汉斯·贝特（Hans Bethe）提出核反应是恒星发出的光的来源。他详细描述了在一颗恒星的生命大部分时间里的工作机制，即天体物理学家称之为"主序"的时期。但这些机制如何随着时间的推移而演变还有待观察，例如随着恒星的年龄或其质量如何变化。这仍然需要20 年的时间来研究，在此期间科学家了解到，考虑到太阳的质量，它将以白矮星的形式结束生命。相反，一颗质量大得多的恒星将迎来灾难性结局，即成为所谓的超新星：外层爆炸，核心收缩密度极大，最严重的情况下可以形成一个黑洞。

到 20 世纪 60 年代初，科学家对恒星演化有了更深刻的了解。一些科学家重新对黑洞产生兴趣，如斯蒂芬·霍金（Stephen Hawking）和罗杰·彭罗斯（Roger Penrose），因为现在有一些研究已经可以解释它们的形成。新的兴趣也带来了新的变化：这个有着 170 年历史的概念终于被赋予了一个明确的名称。

相对论

相对论今天已经与阿尔伯特·爱因斯坦的名字密不可分，他对现代物理学的贡献非常大。事实上，当我们谈起相对论时应该意识到它包括广义和狭义两个相对论。经典力学确实能解释物体的运动，但它遇到了一个重大的不相容性：电磁学定律所描述的光的运动。光的速度是恒定的，并且与它来源的速度无关，这对力学定律来说是不可想象的。1905 年，狭义相对论为这一悖论提供了一个根本的解决方案：一个现象的发生时间和持续时间并不是绝对的，而是取决于测量时间的观察者的轨迹。时间和空间失去了自己的意义，而都成为相对的概念。人们不应该再谈论空间和时间，而应将它们作为一个不可分割的概念"时空"来讨论。1915 年，广义相对论将狭义相对论的原理应用于引力和天体的运动。引力不再被描述为一种力，而是大质量物体附近的时空变形。运动的瞬时性被认为是并非实质的，一个物体在空间中的轨迹只是它在被周围物体质量扭曲的时空中发生位移的结果。

间接观察

根据定义，黑洞是一个小而黑暗的物体。在浩瀚的宇宙中，如何能探测到这样一个物体？能想象从理论到实现具体观察是一个怎样的过程吗？太空时代的到来，以一种间接且未曾预料到的方式提供了最初的答案。

一开始是通过发射火箭携带的 X-射线探测器，这是一种非常简陋的仪器，主要目的是研究地球大气中的能量现象，如雷暴。天体物理学家很快意识到，这些探测器也能捕捉到来自宇宙源的 X 射线，因为宇宙是能够产生这种辐射的能量现象的场所。

20 世纪 70 年代初，人们在天鹅座发现了一个特别有趣的宇宙（X-射线）源。研究表明，一颗恒星围绕一个密度非常大的天体运行，该天体正逐渐吸入恒星的外层。从恒星上移走的气体慢慢地围绕这个天体旋转，并充分加热，发射出的 X 射线被我们观察到。这个被命名为天鹅座 X-1（代表"天鹅座的第一个 X 射线源"）的天体的特征仍有待确定。目前有两种可能性：天鹅座 X-1 要么是一颗中子星，即密度达到每立方厘米 1 亿吨的中子球，要么就是一个黑洞。自 1971 年起，尽管有测量的不确定性，研究人员估计它的质量可能是太阳的 10 倍。1939 年，奥本海默证明，中子星的质量只能是太阳质量的 3 倍或 4 倍以下。因此尽管科学家们非常谨慎，最初只认为天鹅座 X-1 是"黑洞候选体"，但现在有些人相信，它不可能是黑洞以外的其他任何东西。

同一个概念，不同的名字

在天文学中，给一个新发现的天体起名字，最后发现并不合适，这是很常见的，因为它们的真正性质需要慢慢被了解。相反，"黑洞"是一个从数学方程中得出的理论概念，这种表述本该是一个合理的选择。不过现实并非如此，也许是因为爱因斯坦和爱丁顿拒绝了这个想法。事实上，直到20世纪下半叶，"黑洞"一词才出现。在此之前，物理学家更倾向于使用"封闭的天体"或"施瓦西天体"等术语。美国理论物理学家约翰·惠勒（John Wheeler）是研究广义相对论的代表人物之一，他在1968年推广了"黑洞"这个术语，这是一个不可否认的事实，但谁是第一个提出的人呢？惠勒在他的自传中解释说，在1967年的一次演讲中，他使用了"重力完全坍缩的星球"这一术语，但他指出，一个更简短的名称肯定会更好。观众中有人建议："'黑洞'怎么样？"惠勒在演讲结束时未能找到这个人，所以不知道究竟是谁创造了这个词。不过这个故事仍有争议，因为一些历史证据表明，这个名字实际上早在几年前就出现在物理学家的文章或交流中。

第一批直接证据

2016年，人们首次探测确认了两个黑洞碰撞所发出的引力波，明确消除了黑洞存在与否问题的任何模糊性。虽然这些引力波被发现的时间比较晚，但其概念并不新鲜：1916年，爱因斯坦首次提出了引力波的存在。

半人马座 A 星系（2000 年由哈勃望远镜探测到），由于最近的一次星系碰撞，它的形状被尘埃带遮住，因此很容易被辨认出来，它是离我们最近的一个恒星星系之一，其中有一个特别活跃的黑洞。

就像物体的质量使它们所处的空间发生变形，物体的运动也会随时间变化而产生一些变形：这些变形会远离使它们产生的质量，就像把一个小石子扔进水里，水面上的波纹逐渐向外扩散一样。爱因斯坦确信这种波的存在，为此他做了一些计算，通过一些具体的例子来估计波的强度，比如围绕地球转动的月亮，围绕太阳转动的地球，等等。问题是这些引力波的振幅非常小，它们对天体运动的影响也微乎其微。因此，尽管时空波这一想法瞩目，研究前景诱人，但仍然停留在理论阶段。毫无疑问，它们是存在的，但无法被检测到，因此并没有意义。

这种情况在 20 世纪 60 年代发生了变化，当时科学家们发现，恒星经常成对存在，这被称为双星，而双星中质量更大的恒星最终会变成黑洞。因此，一对质量非常大的恒星有可能产生一对黑洞。当这两个物体围绕对方旋转时，它们会产生引力波，将自身的一些能量带走。失去的能量越多，它们就越接近对方，波的发射就越强烈。这种发射的剧烈程度与距离缩进程度相同。要知道，两个物体之间的最小距离是它们的半径之和，而黑洞是在一定质量下可能存在的密度最大的物体，因此两个黑洞的碰撞将会是产生最强大引力波的宇宙事件。

这种事件的强度会是多大？如果它发生在足够接近地球的地方，那么被定期检测到的概率是多少？不幸的是，这些问题还没有答案：在当时，用来探测

083 页 钱德拉 X 射线天文台拍摄的爆发（2003 年）。人马座 A*（Sagittarius A*）黑洞两侧的气体旋涡（红色环）延伸到几十光年之外，表明黑洞在相对较近的时间内爆发了活动。

引力波的干涉仪的精度比所需标准低 100 亿倍，根本无法探测到任何东西……但研究人员和工程师们不甘失败，如果不是因为他们的决心，这个故事可能早就结束了。在确定了一切可以提高干涉仪精度的方法后（见第 119 页的"LIGO"和"Virgo"），他们得出结论，想要充分提高仪器的灵敏度，技术上并没有存在明显的不可能。

在当时，这仍然需要 30 甚至 40 年的努力。科学家们设法获得了资金以启动项目：美国的 LIGO（激光干涉引力波天文台），后来欧洲的 Virgo（欧洲室女座引力波）也加入了项目，通过多次探测到引力波而证明了他们的正确性。

第一张黑洞的图像

2019 年，人们第一次以图像形式直接确认了黑洞的存在。对于任何对天体物理学感兴趣的人来说，这个结果也许更令人激动。这是有史以来的第一次，一项科学实验拍摄到了一个名为 M87* 的黑洞的图像（M87* 位于 M87 星系的中心，详见第 90 页的照片）。

但是，怎么可能看到一个不发光的物体呢？这就需要通过观察物体在明亮背景下的剪影，就像中国的皮影戏一样。围绕黑洞运行的物质发出大量的光，其轨迹被巨大的引力场所扭曲，然后会呈现出一个非常有特点的形状（电影《星际穿越》的灵感就是来源于此），让看不见的天体能够成像。不过如果参与产生引力波碰撞的黑洞太小，这种方法就无法实现。到 20 世纪 80 年代末，人们开始清楚地认识到还有其他更大的黑洞类型：超大质量黑洞。于是科学界开始设计能够扫描它们的望远镜。然而，唯一被认为可以观测到的超大质量黑洞人马座 A* 位于银河系的中心：观察它就像在月球表面看到一个柚子。这让一些科学界人士对该实验的可行性产生怀疑。但就像探测引力波一样，一些人相信，即使还需要数十年的时间，技术的发展迟早会使之成为可能。最后我们只用了大约 30 年的时间，就为"黑洞"这个有一个世纪之久历史的概念拍摄到第一张照片。

本篇总结："我们的" 超大质量黑洞人马座 A* 的图像很快就拍摄到了吗？

M87* 黑洞的质量是人马座 A* 的 2000 倍，前者距地球的距离是后者的 2000 倍。因此，距离造成的精度损失可以被星体的巨大尺寸所补偿。从这个角度来看，获得这两个黑洞图像的困难程度相当。但有一个明显的区别：黑洞越大，它周围物质的旋转速度似乎越慢。

换句话说，在拍摄 M87* 照片的几个小时内，图像似乎是没有变化的，因为物质在如此短的时间内没有明显移动。但就我们的银河系而言，整个拍摄过程中图像会不断变化。这个问题与传统摄影没有什么不同：曝光时间越长，就越容易在底片上留下影像。

拍摄人马座 A* 的图像是地基望远镜系统 EHT（事件视界望远镜）的主要任务之一，目前它已经拍到了 M87* 的图像。这对天体物理学家来说是一个新的挑战，也是一个新的技术限制，不过和以前一样，这只需要未来几年时间就可以克服。

PLUSIEURS
ORIGINES
POSSIBLES
几种可能的起源

　　根据目前人们所掌握的证据，黑洞确实存在，没有任何怀疑的余地。理论上讲，那些被科学仪器探测到的黑洞可以分为两种类型。那么是否还有其他类型存在？除了阻挡光线的能力之外，黑洞是否还有其他相似之处？如今黑洞已经从天体物理学上的一个理论成为真实存在，这些问题都让我们对它们的内在属性感到好奇。在"黑洞"这个名字的背后，隐藏着一个名副其实的宇宙天体，其大小和起源各不相同，而研究人员只是刚刚触及其表面。

087 页　人们怀疑所有的星系中心都有一个超大质量黑洞，比如哈勃望远镜拍摄的旋涡星系 M81（2009 年）。但太空望远镜的角分辨率比黑洞成像所需的要大几百万倍，因此无法直接拍摄黑洞图像。

恒星级黑洞

　　顾名思义，恒星级黑洞是一颗质量非常大的恒星演化的残留物。所有的恒星在其生命的最后阶段都会被压缩成一个密度相对较大的星体，但是对于质量至少是太阳15倍的恒星来说，核心经历如此大的压缩后，恒星就变成了一个黑洞。

　　一颗恒星之所以在其生命周期中保持稳定，不因其自身重量而坍塌，是因为其内部发生了核反应。像太阳这样的恒星，每秒钟燃烧几十亿吨的氢，形成氦，释放出的大量热量产生一种压力，可以抵消重力的作用。当恒星的生命结束时，由于缺乏核燃料，这些反应会停止，重力显现作用，星体开始收缩。

　　恒星的最终形状是什么，以及它是否会变成黑洞，是恒星演化的一个复杂问题。尽管如此，如今恒星级黑洞的形成已经是一个很好理解的问题。

　　如果一颗恒星的质量超过太阳的8倍，它在生命终结时就会经历一次非常强烈的大型灾难，这就是超新星现象，这通常被简单地等同为一次爆炸。但在现实中，形成超新星的机制更加微妙。那时恒星的核心已经变得非常不稳定，无法承受大质量星体的强大引力，在几分之一秒内就会坍塌并内爆，由此释放的巨大激波，冲破了还没有来得及反应的恒星外层。正是外层的这种爆破，使人们有了恒星实际上在爆发的印象。

　　如果恒星的质量不算太大，内爆就会在黑洞形成的关键阶段之前停止，并稳定下来，形成一颗中子星。如果这颗恒星的质量超过太阳的15倍，其收缩的结果就是核心的密度变得非常大，最终成为一个黑洞。

超大质量黑洞

这是一种黑洞的类别，其质量远远大于恒星级黑洞的质量。已知最大的恒星级黑洞是 60 个太阳质量，这似乎很巨大，但仍与最大的恒星处于同一数量级。超大质量黑洞是一个完全不同的级别，其质量很容易达到太阳质量的几百万倍。

这些超大质量的黑洞系统地分布于各个星系的中心。虽然原因不明，但它们的质量总是与承载它们的星系中心部分有关。M87* 黑洞的质量是太阳的几10 亿倍。

尽管现在已经确定，星系和超大质量黑洞是以一种协同关系演化的，但还不知道两者中哪一个先出现，或者这种演化究竟是如何随着时间的推移而发生的，就像我们仍然不知道是什么触发事件导致产生如此巨大的黑洞。

难以理解的是，从天文时标来看，在如此短的时间内，足够多的物质如何能够集中在一个极小的体积内，从而形成一个超大质量的黑洞？对天体物理学家来说，最坏的情况是这种未知的形成机制只发生在宇宙大爆炸后的一瞬间，现在已经无法对此进行观察。

类星体

20 世纪 60 年代，天体物理学家对恒星级黑洞感兴趣的同时，也发现了一种非常明亮的星体，被称为类星体，而且越来越确信它的存在。这个术语来自

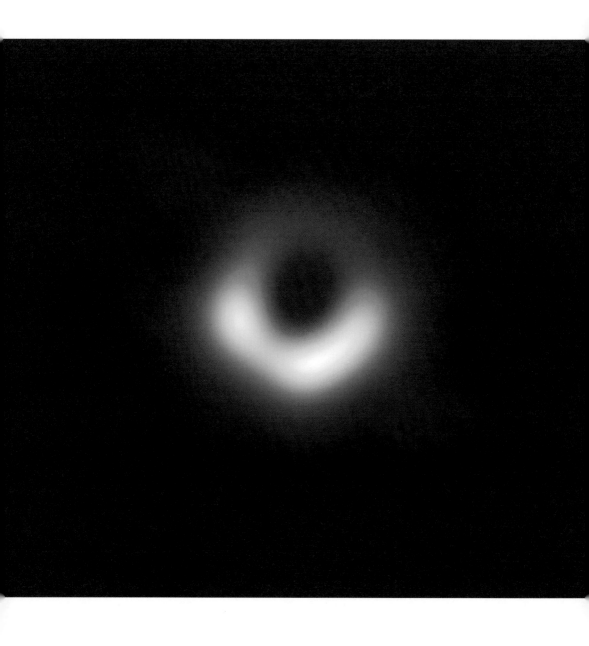

已知最大的黑洞之一 M87* 及其吸积盘，由 EHT（事件视界望远镜）观测并拍摄（2019 年）。

"类似恒星的天体"这一表述，即一个类似于恒星的天体，因为对我们来说它看起来和恒星很相似。

1963 年，人们在宇宙中发现了一个新的天体，代号为 3C 273。它似乎是银河系中的一颗普通星体。实际上，它是一颗更遥远的星体，距离我们 20 亿光年——作为参考，我们的银河系只有 10 万光年的范围。对于这样一个遥远的天体，它的亮度必须非常高，才能看起来与我们银河系中的天体一样明亮。

3C 273 的体积有多大？可以肯定的是，它并不是一个星系，因为在如此遥远的距离之外，逻辑上来讲本应观察到星系的结构。此外，这些天体的亮度可以在几天甚至几周内发生变化，这意味着 3C 273 比较小，以至于它产生的光线没有时间呈现出均质化。因此类星体的体积几乎不可能比太阳系大。

由此我们发现了这样的宇宙现象——一个高密度的天体内部可以产生大量的光。于是一个想法逐渐浮出水面：它可能是一个吞噬了大量物质的巨大黑洞，而我们观察到的光只不过是被吸进去的物质的"最后的告别"。这种现象与天鹅座 X-1 黑洞的现象类似，不同的是类星体的质量几乎要大 1 亿倍。

原初黑洞

要形成一个质量是太阳几倍大的黑洞，其密度的量级要达到 10 亿吨物质压缩进顶针般大小的空间。理论上讲，只有两种时候才有可能发生这种情况。一种发生在一颗大质量恒星生命末期的核心里，这就是上文所述的恒星级黑洞的形成。另一种可能发生在大爆炸期间，即宇宙诞生时。

在形成的最初时刻，宇宙密度极大。然而，仅仅密度非常高还不足以让黑洞出现，物质还必须是不均匀的分布。如果在那个时候，宇宙的演化导致物质分布足够不均匀，以至于某个空间区域比平均密度大得多，那么该区域的物质就有可能坍缩，从而形成黑洞。由于形成时间较早，这种黑洞被称为原初黑洞，它们可能在第一批恒星形成之前就已经存在了。目前这个想法仅仅是个假设，但如果原初黑洞的存在被证实，这无疑将为研究宇宙史的远古时期提供重要信息。

钱德拉塞卡极限

一颗恒星的稳定性取决于其质量产生的重力和其内部热核反应产生的压力之间的微妙平衡。在生命的最后阶段，当产生这些反应的化学元素耗尽时，恒星的核心在重力作用下逐渐收缩。1930 年，印度裔美国物理学家苏布拉马尼扬·钱德拉塞卡（Subrahmanyan Chandrasekhar）计算出恒星核心为了保持稳定可达到的最大质量约为 1.44 个太阳质量，这就是钱德拉塞卡极限。超过此质量极限，内部气体的压力无法对抗重力。恒星的核心完全坍塌，为中子星留下空间，如果质量足够大，就会成为黑洞。那些大质量的恒星注定会走向这样的结局，而对于较轻的恒星来说，其结果通常不那么严重：它们会失去一些物质，形成一个行星状的星云，其核心则转变为一个高密度的星体，称为白矮星，白矮星质量仍然低于钱德拉塞卡极限。这就是我们的太阳等待大约 70 亿年后将要面临的命运。

093 页 仙后座 A 的图片，是 1680 年左右形成的超新星遗迹，由美国宇航局"NuSTAR（核星）"太空望远镜（核分光望远镜阵）拍摄（2013 年）。

恒星级黑洞的质量不能小于 3 倍太阳质量，与之不同的是，原初黑洞可以有任何大小和质量——这只是取决于它们是何时形成的。尽管人们可以计算出它们的特征，即它们对周围环境的影响，但目前还没有观察到任何原初黑洞。这并不意味着原初黑洞不存在，仅仅说明它们可能数量没有那么多，体积较小或距离较远，以我们目前的手段无法观测到。

中等质量黑洞

质量介于恒星级黑洞和超大质量黑洞之间的黑洞又如何呢？由于超大质量黑洞是在大质量星系中探测到的，因此很容易认为星系越小，黑洞越小。我们真的可以把这一论断推至小质量星系吗？目前并没有证据证实这一点。

也许我们可以在球状星团中找到几百或几千个太阳质量的黑洞，球状星团是星系内的一种恒星集团，也许在银河系附近的一个中等大小的星系里，如三角座星系，可以找到一个质量相对适中的黑洞。困难在于，黑洞越小，就越难被探测。

目前，科学家们还没有确定多大程度上的小星系也能有一个中心黑洞，类似于超大质量黑洞，但体积较小（由于超大质量黑洞的形成机制尚不清楚，因此还不知道是否可以将现有理论推至极低质量的星系）。科学家们也没有发现任何可能达到太阳质量几百倍的恒星黑洞。虽然理论上没有任何证据否定它们的存在，但我们一直没有观测到，甚至不知道它们可能位于何处。

不同类型的黑洞

	来源	定位	质量	是否 可被观测
恒星级黑洞	大质量恒星的坍塌	恒星原本的位置	太阳质量的3至几十倍	是
中等质量黑洞	未知	球状星团，小型星系	太阳质量的数千倍	讨论中
超大质量黑洞	未知	星系中央	太阳的百万倍甚至10亿倍	是
原初黑洞	宇宙大爆炸	未知	变化中	否

黑洞内部

黑洞没有坚实的表面，它是一个没有任何物质可以逃脱的空间区域。进入黑洞就像踏上一条不归路。只要不超过被称为"事件视界"的阈值，就仍有希望逃离黑洞。这是我们能看到的极限，假设有两个人分别站在"事件视界"的两边，他们是无法沟通的。

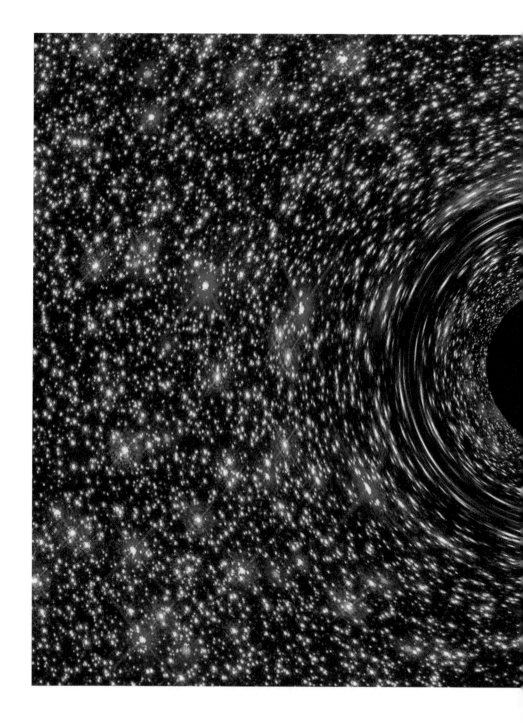

096~097 页　一个星系中心超大质量黑洞的
合成图像（2016 年）。

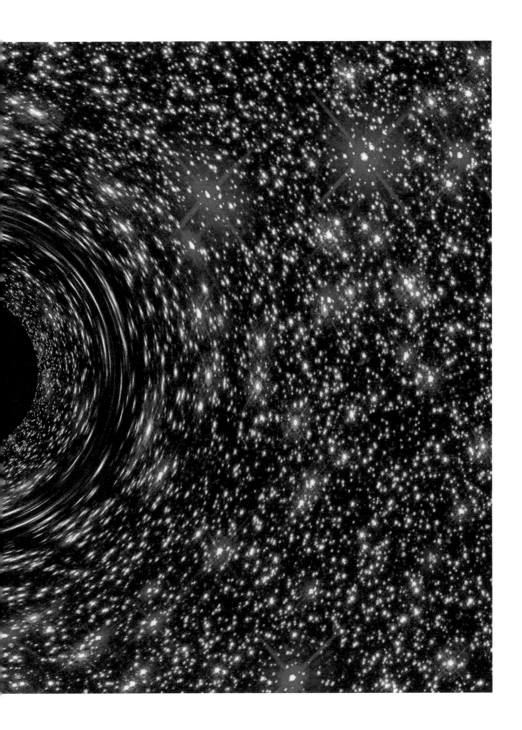

很难想象一个黑洞可能是什么样子。正如我们所提到的，唯一的办法是利用黑洞所吸积的物质创造的发光背景，凸显出黑洞的轮廓。这使得黑洞成为一个相当矛盾的物体，它不发光，但它所处的环境却可以非常明亮，这是因为它在吸入物质时释放出了大量的能量。

继狭义相对论之后，广义相对论继续描述物质的特性，甚至是在越过"事件视界"之后的运动。但有一个地方，广义相对论也无法解释，这个地方被称为"奇点"——黑洞的中心，黑洞最初形成的地方。

黑洞内发生的事情与我们对自己生活的普通世界的认知非常不同。在黑洞外部，一个物体要么相对于黑洞是静止的，要么就是在移动。如果是这样，那么就有可能测量物体的速度。相反，一旦物体越过了事件视界，就不可能保持静止：任何物体都会被不可逆转地吸入黑洞中心，无论消耗多少能量，都无法找到其他出路。换句话说，没有任何东西能在黑洞内停留很长时间：任何经过事件视界的物体都不可避免地被抛向黑洞中心的奇点。

而黑洞中心发生了什么？由于所有被黑洞吸收的物质最终都会堆积在那里，我们可以直观地想象，这是一个密度变得无限大的区域。这里的引力非常强大，以至于所有的物质和信息都被无情地吞噬了。然而，正如前文提到的，这可能是广义相对论方程无法完美描述的区域，也就是广义相对论不再有效的地方。

黑洞的结局

黑洞吞下的物质越多，它就变得越大。但不能保证黑洞一旦形成就能在其生命过程中遇到足够多的物质。迄今为止，所有通过引力波探测到的恒星级黑洞都是围绕一颗恒星成对出现的黑洞，它们像吸血鬼一样一点一点地将恒星的物质"吸"了过来。

如何展示一个黑洞？

20 世纪 70 年代末，法国天体物理学家让 - 皮埃尔·卢米涅 (Jean-Pierre Luminet) 首次对黑洞做出了表述。顾名思义，黑洞是不发光的，所以它的形状通过吸积盘发出的光的形状来呈现，也就是说物质围绕黑洞运行时放出极大的能量，可以变得非常明亮。如何确定这种光晕的形状？它并不明显，而是需要相对复杂的计算。像土星环一样，物质在一个相对平坦的圆盘中围绕黑洞旋转。当我们在地球上观察土星时，隐藏在这颗巨行星后面的那部分星环是看不见的，但黑洞的情况完全不同。由于黑洞的存在造成了空间被强烈扭曲，通常情况下黑洞后面的物质发出的光不会到达地球，但经过偏转后，有的光绕过了黑洞，最终就可以被我们观测到。此外，最终观察到的图像取决于观察者与黑洞的位置关系。例如，在电影《星际穿越》中，宇航员从吸积盘的平面上接近卡冈图雅黑洞（Gargantua），就像在赤道平面上观察地球一样。这使光晕呈现对称的形状。相比之下，M87* 黑洞的图像是一个仰视图。

100~101 页　超大质量黑洞的 X 射线的合成图像（2015 年），根据美国宇航局"NuSTAR（核星）"太空望远镜和"Swift"探测器的记录创作。

如果一颗质量很大但孤立存在的恒星变成了黑洞，那么它很可能会永远处于"节食"的状态。根据它所处的环境，黑洞的质量可能会显著增加，也可能在数十亿年内都没有遇到足够的物质来增重。这种情况使得黑洞研究出现重大的偏向性，因为只有那些可以吸收物质的黑洞才更容易被探测到。在我们100亿年历史的银河系中，考虑到恒星数量的演变，可能已经有数以千万计的黑洞形成。但天体物理学家只发现了其中的几十个。因此最有可能的情况是，绝大多数黑洞就像移动的星星一样，没有遇到任何东西，也完全无法被探测。那么离太阳最近的黑洞其距离有多远？

要肯定地回答这个问题是不可能的。这些黑洞会发生什么？根据广义相对论定律，黑洞的质量只能保持不变或增加。至少，在1974年之前我们是这样认为的，那一年，霍金决定将支配微观世界的量子力学的影响考虑在内。以之前的经典观点来看，如果把黑洞的事件视界等同于一个物理边界，那么很明显，一个物体要么在里面，要么在外面。但在量子力学中，情况就不那么明确了。真空并不是"实际的空白"，而是由于"量子模糊性"而发生波动，其形式是自发创造出成对粒子，或者更准确地说，是由一个粒子和它的反粒子组成的一对粒子，也叫孪生粒子，除了电荷相反，其他属性相同。但这种创造只能持续一瞬间，因为粒子和反粒子一经诞生就会湮灭。然而霍金发现，有时在黑洞附近，所发射的两个粒子中的一个有可能穿过事件视界，消失在奇点中。从外部观察者的角度来看，就像黑洞"发射"了另一个粒子一样。这被称为"霍金辐射"，它类似于身体的热辐射，通过释放部分能量而失去热量。在相对论中，能量和质量是等价的：失去能量的黑洞因此失去了质量。如果黑洞附近没有"食物供应"，它最终必将蒸发消失。

那么黑洞的消失需要多长时间？霍金对一个恒星质量的黑洞进行计算，发

斯蒂芬·霍金（Stephen Hawking）（图摄于 1979 年）发现了一种理论上的黑洞蒸发现象，这被称为"霍金辐射"。

现结果是 10^{67} 年。从天体物理学的角度来看，黑洞"蒸发"的理论尽管推导方法非常可信，但似乎没有多大意义，因为 10^{67} 年要比宇宙的年龄（138 亿年）长太多。

在实际中，恒星级黑洞和超大质量黑洞可以被认为是永恒的、不可摧毁的物体。另外，一些原初黑洞可能质量足够低，与当前宇宙年龄相比，它们有足够时间蒸发消失。而这种最后的蒸发应当是一种相对发光的现象，这样我们就有希望探测距太阳约 10 光年的小黑洞是如何蒸发的。不过这些微型黑洞的存在还有待证明。

蒸发是一个缓慢但逐渐加速的机制。该现象与能量损失有关，因此其亮度应随着时间的推移而增加，然后突然停止。目前的理论模型对可能观察到的黑洞情况做出了相对可靠的预测，但对黑洞的终结并没有说明。它是完全消失还是成为一种高密度的残留物？现在还无法解答，因为当黑洞质量变得很小、蒸发变得太快时，霍金的计算方法就无法使用了。

目前我们对黑洞生命历程的最末端还无法做出预测和推断。对物理学家来说，观察一次实际的蒸发是很有价值的，可以为如何正确使用广义相对论和量子力学来研究蒸发机制提供有效信息。

104 页　超大质量黑洞向外吹出强大的风（2015 年）的合成图像，根据美国宇航局"*NuSTAR*（核星）"太空望远镜和欧洲航天局 XMM- 牛顿卫星的拍摄创作。

DES ZONES
D'OMBRE
À LEVER

揭开灰色区域的秘密

　　关于黑洞仍有许多问题有待解决。是否有可能发送一个探测器来探索黑洞的内部？这似乎是最简单的解决方案，但有两个主要困难。第一个困难是我们不知道最近的黑洞有多远。目前，没有任何一个已知的黑洞与地球间的距离低于 1000 光年。这意味着如果我们发射一个探测器，哪怕是能够以光速 1% 的速度飞行，也将需要 10 万年才能到达。第二个困难是，目前已知的黑洞都是强辐射区域，尤其是 X 射线遍布其中。因此，任何送得太近的物体都会很快被烧毁。即使是长期来看，直接接近黑洞来进行研究也是难以实现的。提高远距离拍摄的质量，而不是试图接近黑洞，可能是更好的办法。而在这些实验相关的问题之外，物理学家们也不忘利用他们的理论模型来想象这些天体会具有怎样的惊人特性。

107 页　半人马座 A 高度活跃黑洞的相对论性喷流的合成图像（2017 年）。蓝色部分由钱德拉 X 射线天文台拍摄，橙色微波由阿塔卡马探路者实验望远镜（APEX）上的大热辐射计相机 LABOCA 拍摄，恒星和尘埃带由 MGP/ESO 望远镜上的 WFI（宽视场成像仪）拍摄。

信息悖论

理论上讲，黑洞是一个没有记忆的物体。也就是说，大质量恒星核心的铁原子形成的恒星级黑洞，和压缩星际介质的氢原子得到的黑洞，两者并无区别。原则上不可能根据黑洞的年龄或组成物质来区分两个相同质量的黑洞。

因此，量子力学和粒子物理学定律对微观世界的描述与广义相对论的宏观方法之间存在明显的不一致，前者认为某些信息经过时间流逝被保存下来，后者则认为一个黑洞可以抹去几乎所有关于产生它的信息。由于黑洞会蒸发，这些信息应该逐渐返回到外部环境。

出现这个悖论的原因是什么？广义相对论认为信息在黑洞中消失是错误的吗？量子力学声称这个信息量必须永远守恒是正确的吗？目前，人们还不知道该如何解决这个问题。而且鉴于我们不太可能在近期对一个蒸发的黑洞做研究，所以关于这一问题的科学辩论将会持续很长一段时间。

白洞

黑洞可以吞噬掉所有落入其中的物质，那么我们能否想象出一个完全与它相反的物体，即任何东西都不可能进入、只向外排放物质的星体？类比黑洞，我们将这种物体叫作"白洞"，并用与黑洞相同的方程式来描述。但有一个条件：时间变量必须颠倒，换句话说，电影必须倒着看。

广义相对论发表几年后，物理学家认为任何引力构型都有可能存在，即由物质分布来描述的空间可能有任何形式。但在 1949 年，数学家库尔特·哥德尔（Kurt Gödel）发现了爱因斯坦方程的一个新解，也就是广义相对论允许的一个新的宇宙，其运转形式非常奇异，包括时间旅行。从物理学的角度来看，哥德尔宇宙的属性大有问题，很快就被认为是不现实的。不过这也让人们意识到，从方程中得出的引力构型不一定都有实际存在的合理性。因此，必须理清哪些是可能的解，这项工作有时非常复杂。例如，我们是否应该系统地放弃一个存在时间旅行可能性的解？理论物理学家从 1990 年代初就开始研究这个问题，但目前仍然远没有解决。

白洞是可以逃脱爱因斯坦方程的奇异物体之一。但白洞产生的具体过程是什么？当我们详细研究产生白洞的天体物理机制时，我们发现这个场景似乎非常难以描述。以目前的科学认知来看，似乎没有物质具备相应的属性能让自然界制造出白洞。尽管白洞已经吊起不少科幻小说迷的胃口，但科学家们仍然缺少白洞存在的具体证据。

就黑洞而言，最初反对其存在更多是种哲学姿态，反对意见主要是基于对自然界中应该和不应该存在的东西的偏见。白洞的情况不同，这已经不是一个应该或不应该存在的问题了，这里的障碍是物理性的：如果白洞不是与宇宙同时产生的，就很难知道它们后来是如何形成的。

然而，近年来广义相对论和量子力学的统一理论的发展为理解这些现象打开了新的视角，这也是正确描述这类物体的重要一步。例如一些模型研究了量子效应可以在多大程度上将黑洞转化为白洞。

白洞是由苏联物理学家伊戈尔·诺维科夫（Igor Novikov）于 1964 年首次提出的一个想象，目前看来，白洞只不过是理论家的构思，没有立即激起天

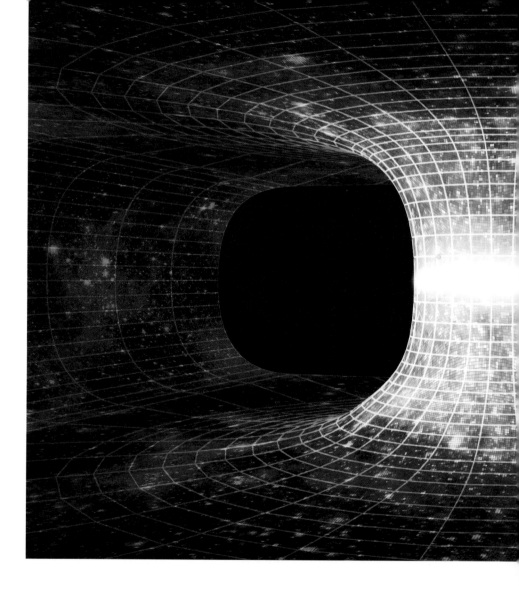

体物理学家的兴趣。但白洞也并不是一个多余的想法，通过测试某些白洞的效应，如果可以证实其存在，它们就可以成为验证统一理论的工具。

虫洞

如前文所述，物质会被黑洞吸引，一旦越过事件视界就会被困在里面。让我们设想这样一种情况：在很远的距离上，我们会被构成某种黑洞的东西所吸

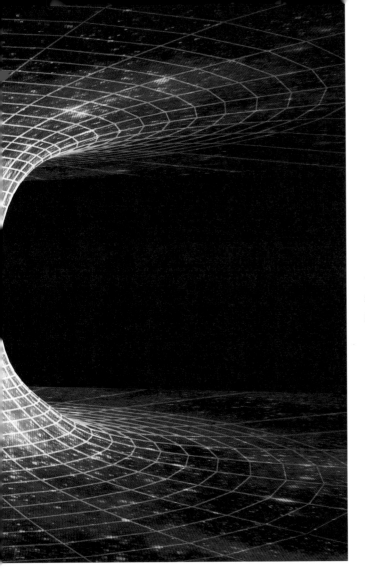

110~111页　虫洞（或"爱因斯坦－罗森桥"）的合成图像，这是一条连接时空两点的假想捷径。

引，但当距离很短时，我们又被它所排斥。在这个特定的背景下，人们可以进入这个物体，然后又被驱逐出去。最初这样的物理构型被称为"爱因斯坦－罗森桥"，以其发明者阿尔伯特·爱因斯坦（Albert Einstein）和纳森·罗森（Nathan Rosen）命名。今天，"虫洞"一词被用来描述这种有一个入口和一个出口的物体，它实际上是某种空间隧道。

　　要想实现这种构型，就必须考虑除了有可以吸引物质的质量，内部还应存在一种排斥现象。这可能是"负质量"，与经典的质量概念相反，它可以施加负引力，从而排斥而不是吸引物质。问题是，从来没有人观察到过负质量，从粒子物理学角度看，负质量也没有存在的希望。而第二个假设，也许没有那么荒谬，但实现起来仍然非常复杂，那就是存在一个带有负压的物体。

尽管虫洞的概念具有一定假设性质，但我们可以从理论上对其进行精准描述。如果这样的物体可以在一定时间内存在，它的组成物质必须具备某些普通物质不具备的特性。尽管每个科幻小说读者都梦想着在太空远距离快速穿梭，实现星际旅行，但从天体物理学的角度来看，只要组成物质的问题没有得到解决，虫洞仍然不太可能存在。电影《星际穿越》在很大程度上借鉴了科学模型，但根据物理学家、虫洞问题专家及本片主要科学顾问基普·索恩（Kip Thorne）的说法，在剧本设计的所有情节中，土星附近出现虫洞是最不可能发生的事情。

如果你想制造一个虫洞，你会如何去做呢？你可能会想创造出粘在一起的入口和出口，然后设法将它们按照虫洞所需的距离分开。一些理论研究表明，在一个比如今粒子物理学所涉及的更微观的尺度上，虫洞是有可能形成的，但会立即瓦解。因此，必须要迅速将入口和出口移开，避免虫洞快速消失，然后用物质喂养使它们成长。不过说起来容易做起来难……

黑洞中的时间流

爱因斯坦相对论终结了独立于观察者的"绝对时间"概念。越接近质量集中的地方，时间流速越慢。令人惊讶的是，地面上的时钟比山顶上或卫星上的时钟的时间要慢，虽然差异非常小。对大质量物体来说，密度越大，这种影响就越大，黑洞也不例外。如果一个远处的观察者看到一个物体落入黑洞，他将永远不会真正看到它穿过事件视界。相反，观察者会觉得这个物体好像下降得越来越慢，直到在事件视界的边缘停止。然而，从该物体的角度来看，时间继续正常流动，它将在不知不觉中穿过事件视界。

那么黑洞里面呢？即使广义相对论的方程允许我们描述一旦越过事件视界后的变化，但计算的结果与我们的直觉相去甚远，我们也很难描述对世界的感知。因为在黑洞内部，我们的空间和时间参考点都会出现严重偏差。我们倾向于描述自己到中心的距离，实际上是衡量我们在遇到奇点之前所剩的时间。与遥远的恒星上相比，在黑洞内部，速度的概念失去了意义。因此，我们可以想象是在研究一个体积大 1000 倍的物体。

太空中的引力波探测器

想要对黑洞碰撞进行探测需要有足够敏感的仪器，尽管发生碰撞的距离很远，也能确保引力波的振幅可以被探测。与捕捉光辐射能量流的望远镜不同，美国的 LIGO（激光干涉引力波天文台）或欧洲的 Virgo（欧洲室女座引力波）（见第 119 页）等引力波探测器测量的是两个物体之间由通过的波所引起的距离变化。这种波的振幅随距离的减少程度远没有光减少的程度大。因此，如果我们将探测器的灵敏度提高 10 倍，我们就可以探测到来自 10 倍远的相同信号，这也就意味着我们可以研究体积大 1000 倍的（空间中的）物体。至少对于未来几代探测器来说，精度提高 10 倍是相当可行的。因此我们有理由期待，在未来的 50 年里，我们能够探测到比今天多得多的碰撞。

直接成果是我们将对宇宙中的黑洞种群有了更好的了解，甚至可以发现目前还没有预见到的天体或现象。另一个需要改进的地方是这些探测器

的位置。现在只有地基探测器，因为这比部署空间探测器更简单也更便宜，但它们受地震噪音的限制。太空中则不会受这种限制影响，因此将有可能探测到更大型的黑洞发出的较低频率引力波，这将开辟一个新的视角，特别有助于超大质量黑洞的研究。我们已经了解到黑洞体积之所以增加，部

114~115 页 欧洲航天局 LISA 空间激光干涉仪的合成图像（2015 年），LISA 空间激光干涉仪主要任务是为引力波探测铺平道路。

116~117 页 一个正在吞噬恒星的黑洞发出红外线辐射，*WISE* 的合成图像（2016 年）。来自 NASA 的红外线空间望远镜 *WISE* 的观测。

分原因是由黑洞间的碰撞造成。由于每个星系的中心都有一个超大质量的黑洞，两个星系的合并会导致两个黑洞的合并。地面上的仪器无法观测到这种现象，而像 LISA（空间激光干涉仪）这样的空间探测器也不会看到，LISA 计划在 2030—2040 年投入使用。

不过，人们已经意识到这些空间探测器有其他作用。当两个恒星黑洞相撞时，它们每秒钟围绕对方旋转数百次甚至数千次。但如果在碰撞开始很久之前就安置好空间探测器，当黑洞旋转速度还很慢时，发出的低频波可以被探测器上配备的仪器捕捉到。所以凭借这些在轨道上运行的探测器，我们能够长期观察这些黑洞，通过收集到的所有数据精准定位黑洞的运动方向，从而预判碰撞的时刻。从中期来看，地基和空间两类探测器的这种互补性，为未来几年的黑洞天体物理学开辟了可实现的道路。

未来的黑洞影像

　　对黑洞直接成像的准确性既取决于和射电望远镜（之间）的距离（基线长度），也取决于观察到的电磁波波长（频率）。目前射电望远镜遍布全球，由于不受大气干扰，使用频率最高。因此，提高图像清晰度意味着要离开地球，因为地球的大小和大气层会限制仪器性能。

　　科学家们正在考虑在太空中部署一个类似于地球上使用的射电望远镜网络。这一方式有许多优点：没有大气层造成的干扰，望远镜之间的相对距离足够大，而且更容易根据所设定的轨迹对它们进行调节。理论上看，这应该会产生更准确的成像。

　　主要问题还是如何收集到足够的数据量并传输回地球。另外，大气层不仅会影响射电辐射频率从而干扰观测，还会限制卫星传输信息的最大速率。那么有没有可能通过望远镜本身当场直接处理数据？这将需要增设相当多的计算机装置，如今的空间设备很难实现。

　　数据传输也是许多空间任务正在面临的问题。作为对比，研究冥王星环境的"新视野号"探测器花了 20 个月的时间传输的内容仅仅相当于一个 U 盘的容量……虽然在太空获取数据很容易，但将数据带回地球却是很复杂的。不过，目前有许多科学实验正在致力于解决传输问题，可能在不久的将来就会出现各种创新的解决方案。我们完全有理由希望在五十年内就可以创造出一个符合要求的空间成像仪。

LIGO（激光干涉引力波天文台）和VIRGO（欧洲室女座引力波）——引力波"猎手"

通过不断地收缩和拉伸空间，引力波可以使其路径上的空间变形。为了探测引力波，天体物理学家使用了一种叫作"干涉仪"的设备，可以将一束光分成两个子光束，这些子光束在走过不同的路径后被重新组合起来。当两束光交叉时，光的重新组合会产生一种叫作"干涉条纹"的特征图案，其形状取决于每束光所走的距离。LIGO 和 Virgo 干涉仪的工作原理相同：一束激光被分成两部分，每一部分都通过几千米长的真空管道，彼此成直角放置。在管道末端被反射后，每个激光束都会转回来，两束光重新相遇，形成的干涉条纹被探测器记录下来。当引力波通过该装置时，它会改变管子的长度，从而改变干涉条纹的位置。对这种干扰进行观察，可以得到振幅和频率等关于引力波属性的信息，因此也可以得到有关产生引力波的黑洞的信息。LIGO 和 Virgo 是互补装置，它们根据引力波到达的方向，保证了不会在同一时间探测到它。因此，结合两个探测器的数据，科学家不仅可以得到更精确的发现，而且可以更好地确定碰撞的位置。

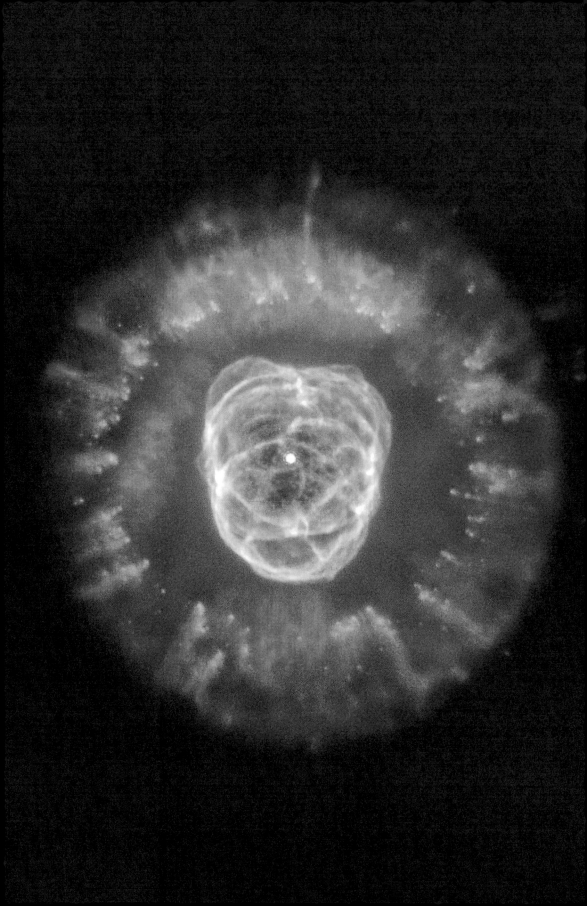

第三章

我们会回到宇宙大爆炸吗？

桑德琳娜·柯蒂斯
（SANDRINE CODIS）

巴黎天体物理研究所的天体物理学家，宇宙大型建模专家

从一成不变到宇宙大爆炸　　122
宇宙大爆炸的场景　　　　　　130
宇宙的未来是什么？　　　　　146

REMONTERONS-NOUS
JUSQU'AU BIG BANG ?

从一成不变
到宇宙大爆炸

　　直到 20 世纪，宇宙是静态的是最常见的观点。当人们仰望天空时，这种想法似乎很有道理：与地球上喧嚣的生活相比，浩瀚的天空显得一成不变。因此，对于科学家和大众来说，宇宙必须一直、而且永远会保持原样。

　　然而，作为一门科学，天体物理学的本质是有条理地根据我们对宇宙的观察，核对我们对宇宙的表述是否正确。正是这些观察逐渐挑战了从前对于宇宙的固有认知。

120 页　爱斯基摩星云，英国天文学家威廉·赫歇尔（William Herschel）于 1787 年发现。2000 年，哈勃望远镜捕捉到了这颗垂死恒星白炽气体的发光残留物。

123 页　蝴蝶星云，一个奄奄一息的双星系统，由哈勃望远镜发现（1997 年）。

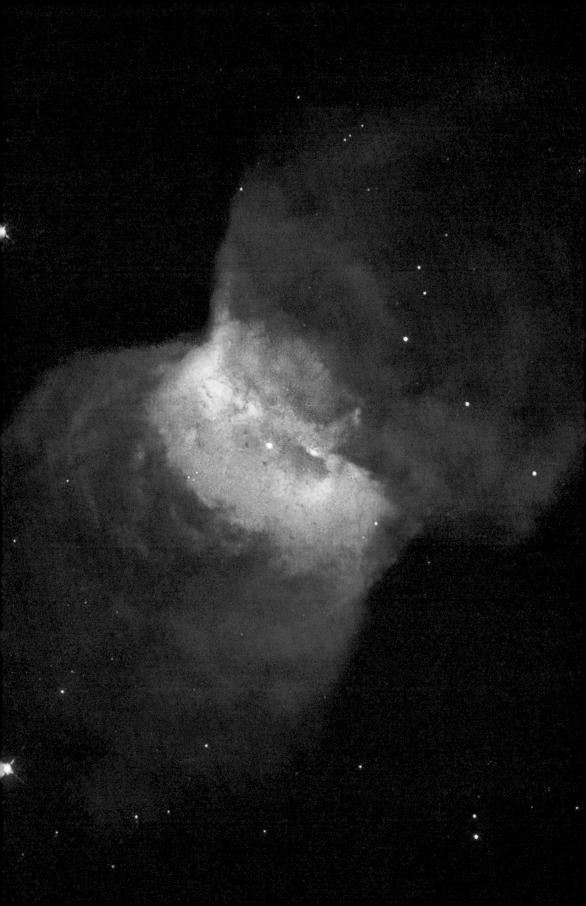

1929 年，埃德温·哈勃（Edwin Hubble）发现其他星系在远离银河系，离得越远速度越快。本图于 1937 年拍摄。

广义相对论和膨胀的宇宙

1922 年，俄罗斯人亚历山大·弗里德曼（Alexandre Friedmann）是第一个将广义相对论方程应用于整个宇宙的人。在某些可实现的假设条件下，只能得出两个解：宇宙要么收缩，要么膨胀。换句话说，弗里德曼表明，在这个框架中，静态的宇宙并不是一个可接受的解。面对这种明显的矛盾，相对论的设计者爱因斯坦本人无法放弃宇宙不变的主流概念，他决定通过引入一个叫作"宇宙学常数"的纠正性术语来修改他的理论（见第 164 页）。他的数学形式主义所允许的这种自由使他能够得到一个可接受的方程解，以此能描述一个静态的宇宙。

在 20 世纪初，科学思想的传播还没有今天这么容易且迅速。不过在 1927 年，比利时教士和天文学家乔治·勒梅特（Georges Lemaître）在法语期刊上发表了一项研究，他独立发现了与弗里德曼相同的结果。另外两位研究人员也做出了显著的贡献：霍华德·罗伯逊（Howard Robertson）和亚瑟·沃克（Arthur Walker）。他们研究出了相应的时空度规，即一种计算距离的数学方法。正是为了纪念他们，描述运动中宇宙的宇宙学模型通常被称为"FLRW 模型"，即弗里德曼 - 勒梅特 - 罗伯逊 - 沃克（Friedmann-Lemaître-Robertson-Walker）。

这些解，严格来说都是理论上的解，是爱因斯坦方程的纯数学答案，随着对星系有了更多观测和发现，这些解逐渐被证实。

在当时，天文学家面临的一个重要问题是如何描述一组略显模糊的天体——它们被归入"星云"这一类别，不要与我们现在所说的星云相混淆，（如今"星云"指的是非常具体的一类天体）。这些天体到底是不是在银河系内？1929 年，埃德温·哈勃（Edwin Hubble）给出了答案，他发现这是一些银河系外的天体，事实上它们属于一些正在远离银河系的其他星系，而且它们离的距离越远，速度就越快。

于是，哈勃对所研究的每个星系进行了光谱分析，即把这个星系发出的光分解成不同的光谱线，这些光谱线是构成星系的化学元素的特征。天文学家注意到，所测得的谱线都或多或少地偏向长波长。这种现象被称为"红移"，反映了光源相对于观察者的运动，在这种情况下，所有观察到的星系都在远离我们。它们离我们越远，"红移"就越大。

哈勃－勒梅特定律是从观察通过描述星系远离我们的速度与距离的关系中得出的，其首次揭示了宇宙的膨胀现象。这样的宇宙模式的转变在当时难以被接受。然而，最初的测量只是在地球以及在靠近地球的天体之间进行的，随后的一系列观测只会进一步证实这一规律，而且观测的精度越来越高，测量的距离也越来越远。这说明了科学知识的产生方式：对某一现象的单一观察并不总是足以令人信服，但大量一致的证据积累下来迟早会迫使人们接受明显的事实，并改变原有的理论框架。

描述宇宙的起源

宇宙膨胀理论出现后，人们需要几年时间才能理解这一发现的全部意义。于是，逐渐出现了宇宙从炎热、高密度状态中诞生的想法（被称为"初始奇点"，见第 133 页），并通过"宇宙大爆炸"一词被人们永远记住。

不过最初这个词是贬义的，甚至是讽刺性的。物理学家弗雷德·霍伊尔（Fred Hoyle）是宇宙稳态理论的坚定支持者，20 世纪 50 年代，他在英国广播公司（BBC）使用这个词语时，显然是为了嘲弄这一模型的倡导者。尽管如此，如今这个词已经在集体想象中被广泛使用，不再带有任何负面含义。

回溯宇宙膨胀的历程，将时间倒推，宇宙的体积越来越小，一直回到"宇宙原始汤"的状态，那时宇宙的温度非常高，因此宇宙大爆炸有时也被叫作"热大爆炸"。

红移

　　每个原子都有一个特定的辐射特征：谱线。例如一个氧原子可以吸收和发射一组特定的波长，与碳原子或氢原子的波长是不同的。科学家们已经对这些谱线进行了研究，并编好目录。如果一个光源因为宇宙的膨胀而远离我们，这样观察到的谱线就不会和实验室里的完全一样，它们会向更长的波长偏移，因此被称为"红移"，可见光越偏向红端，波长越长。而分离的速度越大，红移就越大。哈勃－勒梅特定律反映了这样一个事实：星系之间的距离越远，它们远离对方的速度也越快。因此，红移也表明了这些星系离银河系有多远：红移越高，所研究的星系就越远，不仅在空间上，而且在时间上，因为光线要花更多的时间才能到达我们这里。

　　在建立大爆炸理论的过程中，非常重要的一步是在 1965 年，当时人们观测到宇宙的化石电磁辐射，或叫宇宙微波背景辐射，通常简称为 CMB。当宇宙还"年轻"时，温度极高，密度极大，光子不能自由移动：一个光子只要走出一小段距离，就会撞上另一个吸收它的粒子。因此，光不能从这种介质中逃逸，宇宙是不透明的。但随着宇宙膨胀，冷却的程度足以让光子在整个宇宙中传播。

　　大爆炸后不久发出的一些光子，也就是第一批能够在整个宇宙中传播的光子，如今仍在到达我们身边的路上。通过捕捉这些光子并确定其辐射的温度，天文学家们正在绘制一幅 CMB 图谱。由于平均温度相对较低，约为 3 开尔文（-270℃），因而 CMB 是一个非常低能量的现象，我们的宇宙一直处于其

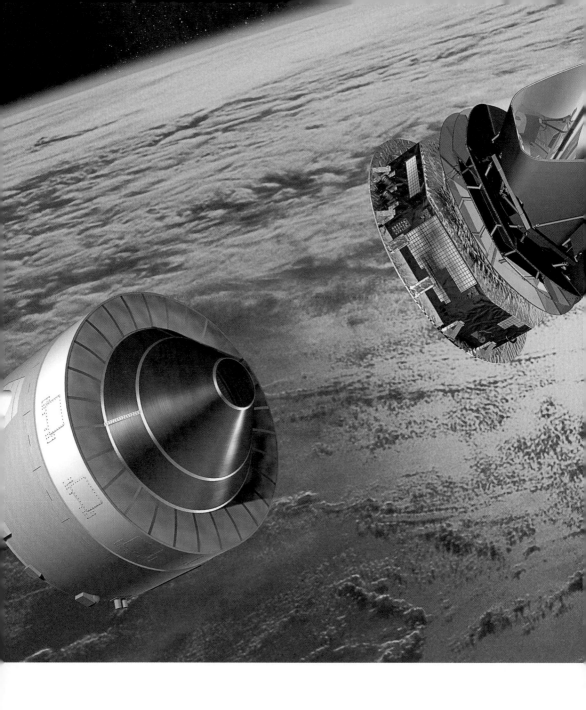

欧洲航天局"普朗克"探测器的合成图像（2010年）。这个卫星绘制了CMB（宇宙微波背景辐射）的微小温度变化图，展现出大爆炸发生38万年后的宇宙。

中。因此，CMB 构成了大爆炸理论的第一个"间接观测证据"：宇宙学家们对 38 万年的宇宙（我们可观测的极限）进行了第一次快照，证实了宇宙的热演化。此外，通过最近的一些实验，比如欧洲航天局的普朗克卫星，科学界得到了 CMB 非常精确的图谱。

宇宙暴胀

宇宙暴胀理论现在被称为宇宙学"协调模型"的基石，即最能解释我们所知的宇宙特性的模型。通常情况下，我们通过时间倒推，可以找到一些关于宇宙起源和进化的信息。但是越往前回溯，就会遇到越多复杂的问题。特别是有一些问题乍一看在当前的框架中是无法解决的，除非我们假设存在一个极速扩张阶段。

如果宇宙的膨胀以恒定速度进行，那么太空中应该有一些区域，彼此之间有足够的距离，在因果上是不相干的。也就是说它们之间的距离非常大，以至于不可能交换信息或进行沟通，因此一个区域发生的事件无法影响到另一个区域。如果两个区域在因果关系上是断开的，它们就没有机会具有相同的物理特性。然而，通过观察宇宙微波背景辐射，物理学家发现宇宙中各个方向的区域都具有相同属性。这一发现给无暴胀阶段的宇宙学模型带来了问题，因为要发生这样的现象，就必须假设存在一个物理过程，使这些相隔很远的区域在过去就已经意识到了对方的存在。

因此，我们推测在宇宙体积还很小的时候，有一个初始的暴胀阶段，使宇宙在极短的时间内膨胀了相当大的体量，而现在断开联系的两个区域可能曾一度非常接近，足以进行信息交换。

LE SCÉNARIO
DU BIG BANG
宇宙大爆炸的场景

　　宇宙大爆炸模型是由几个不同阶段组成的，这些阶段逐步塑造了宇宙的时空结构和占据时空的物质。从基本粒子到我们所知道的恒星和星系，从无限小到无限大，宇宙大爆炸遇到了现代物理学的两大革命——量子力学和广义相对论，由此得以讲述它长达 138 亿年的故事。

131 页　NGC 2467 像一个冒泡的大锅，它是一个距离地球约 13000 光年的恒星形成区。图像由 2004 年至 2010 年哈勃太空望远镜收集的数据合成。

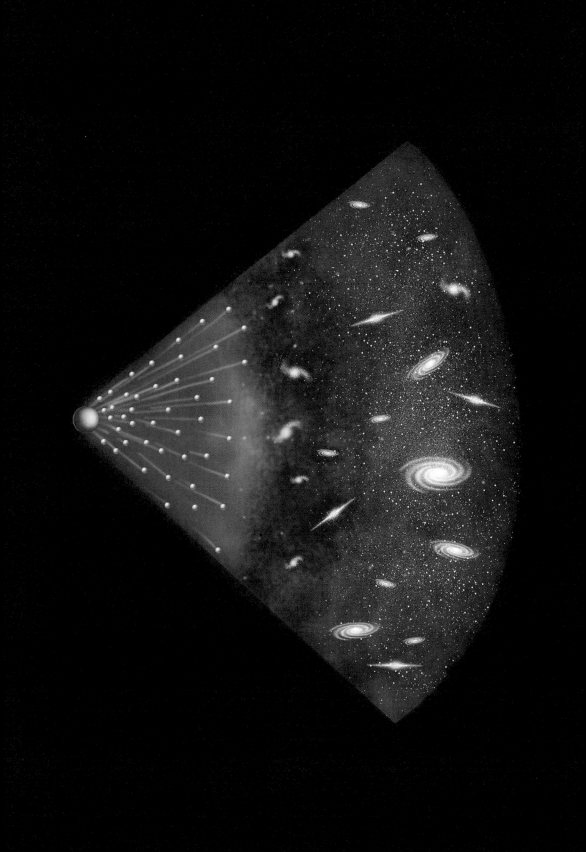

初始奇点

当我们倒推宇宙的膨胀过程时，发现时间越早，宇宙的密度越大，温度越高。从逻辑上来看，在过去某一时刻，宇宙是收缩在一个点上的。

这个阶段被称为"初始奇点"，严格来说并不代表一个瞬间的零点，就像一种可以标在时间轴上或描在时间箭头上的标记。相反，它应该被理解为一个创造出时间和空间的事件。为了准确描述宇宙历史的最初时刻，我们需要一种理论将现代物理学的两大支柱，即广义相对论和量子力学统一在一起。因此，在目前的宇宙学模型中，奇点更应该被当作一种推断来理解，而不是一种被证实的现象。它的时空物理特性是普朗克尺度（见 135 页）无法解释的。

因此，把大爆炸看作一个瞬间的零点——它之前什么都不存在而之后产生了一切——这是不合适的；也不应该把它等同于一个巨大的爆炸，这其实与它名字所指的相反。更不用说想象出一个点或者一个中心，一切都从这里开始，宇宙从这里诞生。所以，这并不是一件通过望远镜沿着特定方向就能观察到结果的事情。

虽然如今人们正在进行各种理论上的尝试，以统一这个普朗克尺度以下的物理学问题，但是，我们还不知道是否有可能通过观察和测量来检验这些假设。

132 页　根据乔治·勒梅特的大爆炸理论（原始原子假说）
制作的合成图像（2005 年）。

宇宙暴胀阶段

在早期阶段，宇宙是由量子效应主导的。通过暴胀宇宙迅速变得极其庞大，而在这个过程中，通常发生在极小范围内的量子涨落，被拉长到天文距离。然而，人们仍然不了解这一时期所涉及的能量。为了更好地了解宇宙历史上的这一关键时刻，我们必须在观测工作上取得更大进展。

宇宙学家们不知道宇宙暴胀发生的确切时间，也不知道其能量水平。此外，持续时间和动态变化是未知的，发生原因和如何停止也无法解释。由于膨胀，宇宙的温度随之下降。物理学家估计，它可能已经从 10^{32}℃ 下降到 10^{27}℃。暴胀阶段结束时，目前科学家们估计这一阶段为 10^{-32} 秒，宇宙的温度仍然很高。

反物质的消失

随着能量减少，宇宙经历了不同的演化阶段。最初，它是由夸克和电子等基本粒子和反物质（见第 187 页）组成的沸腾的原始汤。术语"反物质"涵盖了所有普通粒子的孪生子，即具有相同属性的反粒子，但有些性质是相反的，比如所带电荷。因此，一个带正电的质子有一个反物质的孪生子，即带负电的反质子。当一个粒子遇到它的反粒子时，它们在光芒中相互湮灭。

宇宙学模型预测，宇宙大爆炸时产生物质和反物质的量相等。然而，我们如今所熟知的宇宙由物质主导。因此，物质和反物质之间的丰富程度很可能原

普朗克尺度

　　普朗克尺度描述了广义相对论作为一种非量子引力理论不再有效的时刻——因为时空小到极致，无法再忽略量子力学的影响。为了描述这个量级，科学家们使用了一个被称为"普朗克长度"的量，它由每个理论的特征常数构建而成：引力常数 G、真空中的光速 c 和描述量子力学中量子大小的普朗克常数 h。普朗克长度为 1.6×10^{-35} 米，比一个原子小 20 多个数量级。与普朗克尺度相关的一个是时间，另一个是能量：首先是普朗克时间，数值是 5×10^{-44} 秒，定义了宇宙的年龄，低于这个数值，目前的理论就无法发挥作用；其次是普朗克能量，数值为是 2×10^{9} 焦耳。

本就存在轻微差异，物质的量要稍多。一旦所有的反物质因湮灭而消失，最初剩余的就只有物质。不过人们仍然不清楚这种不平衡背后是怎样的过程。

原初核合成

　　在宇宙的第一个十亿分之一秒内，夸克作为物质原始成分的基本粒子，组成了重子，即质子和中子等普通物质成分，这被认为是"重子生成"阶段。当宇宙的能量以及热搅拌充分减少时，这些重子就能够重新组合，从而创造出氢、氦等第一批化学元素的原子核。

原初核合成包括所有反映其形成机制的粒子物理反应。它是宇宙学模型的支柱之一，很好地描述了这些化学元素在宇宙中的丰度，只有锂除外。对于后者，根据模型进行的计算并没有得出与测量相同的结果。无法解释锂的这种反常现象是宇宙学标准模型的主要缺陷之一。

不过，根据这些在能量尺度上完全有效的标准物理学方程，我们完全有可能精确地计算出每个元素在何时被创造出来。物理学家已经确定，当宇宙诞生3分钟后，原初核合成已经停止。

宇宙背景辐射——宇宙中最古老的发光图像

宇宙诞生3分钟时，仍然处于非常高的能量状态，光子无法自由传播，而是不断地由周围的等离子体产生和重新吸收。由于光子是光的载体，没有光辐射流通，宇宙仍然是完全不透明的。直到38万年后，宇宙被充分稀释并冷却，光子才最终可以自由传播：当时物质和辐射完全是退耦的。

在这个时期，宇宙能量继续下降，新物质得以稳定并持续存在。从那时起，电子可以永久定居在重子核周围，形成稳定的电中性原子。这就是复合现象——更准

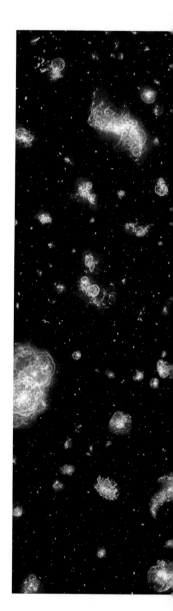

136~137 页　原始宇宙中恒星形成、结束黑暗时代的合成图像（2002 年）。

统一的理论

在 20 世纪，理论物理学家提出了几种统一广义相对论和量子力学的方法。这些理论也被称为"量子引力"，或"万物理论"，因为这些理论的野心是将现代物理学的所有四种基本力（弱相互作用、强相互作用、电磁力和引力）集中在同一个数学形式中。其中，有两个理论经常被提到。一个是弦理论，弦理论挑战了粒子物理学的一个基本假设，即物质是由夸克或电子等点粒子（简化为一个点，没有空间延伸）组成的，而弦理论则认为物质的基本组成部分是线状的微观弦，大小是普朗克长度的数量级。这些弦在时空中振动方式不同，产生了质量、电荷等不同性质的基本粒子。弦理论的灵感来自粒子物理学的形式主义。另一个是圈量子引力论，它采纳了广义相对论所提倡的描述时空几何的思想，并尝试将量子力学原理应用其中。按照这一理论，空间不再是连续的，而是颗粒状的，其最小长度也是普朗克长度的数量级。

确地说是"组合现象"，因为这是第一次形成完整的原子。

初始奇点（当宇宙被收缩到一个点时）被发射出来，这是宇宙可能存在的最古老的光图像。随着宇宙膨胀，温度将继续下降，直到达到在我们这个时代观察到的 3 开尔文（-270.15℃）（见第 127 页）。

引力透镜效应

　　根据广义相对论的定律，任何质量的物质放在一个地方都会扭曲其周围的时空。位于这个物体之外的光源所发出的光也不能免于变形：在这个物体周围，光束像透镜的镜头一样被弯曲、被聚焦。因此这种现象被称为"引力透镜"。其主要结果是，在我们看来，光源的图像出现了变化。由于光在前往地球的途中遇到了大量的大质量物体，宇宙微波背景辐射（CMB）部分被这一现象所改变，在重建原始图像时必须加以考虑。一方面，CMB图像上的点与它们的原始位置相比略有偏移，就像海市蜃楼一样；另一方面，引力透镜改变了用于估计宇宙暴胀参数的光辐射的一些特性。因此，宇宙学家必须更多地了解宇宙中的"大尺度结构"，以评估这些影响的大小，并能够在测量中扣除这些影响。只有这样，才能获得关于早期宇宙的更可靠的信息。

黑暗时代

　　在光子可以自由移动并且发生化石辐射之后，宇宙进入了黑暗时代。这个名字看起来很矛盾，因为光不再受到约束，而且光源还存在。然而，在这个年轻的宇宙中，还没有恒星或星系诞生——如同还没有"灯塔"可以照亮夜晚。必须等物质开始在引力作用下凝结，形成第一批恒星，当这些恒星亮起时，它们的辐射能够将电子从原子中拉出来，使星际介质再电离。

由于科学家们对再电离仍然知之甚少，因此很难准确地确定这一现象发生的时间。根据宇宙微波背景确实可以得到初步估算，但误差范围很大。更好地了解黑暗时代是未来几年天体物理学的目标之一。通过观测，我们可以发现高红移的恒星，即那些遥远且古老的恒星，但关于再电离的确切过程和细节，目前还没有答案。

不过，对于恒星形成机制，我们已经了解了很多。从广义上讲，所有恒星的形成机制都是一样的，除了质量不同，会有细微差别。在重力的作用下，部分气体云逐渐坍塌，直到引发内部的热核反应，通过对抗其质量产生的引力来保证恒星的稳定性。

观察证据

宇宙微波背景辐射（CMB）让我们有机会了解宇宙年轻时的样子。在大尺度结构上，普朗克卫星已经对宇宙进行了最佳测量，很难再有超越。同时人们正在开展各种实验，改善小尺度层面上的研究。

然而，CMB 在大尺度层面上表现出某些各向异性，即观测方向上的变化，这一现象仍未得到很好的解释，但这是一个非常有意义的问题。特别是已经发现了"冷点"的存在，目前一些假说试图证明其合理性。科学家们进行了测试，确保这不是因测量仪器故障产生的系统性偏差，因为相关测量非常复杂，系统性偏差时常发生。不过，也可以假设"冷点"是一个携带宇宙信息的有物理意义的现象：比如宇宙可能有一个特定的拓扑结构，暗物质可能有特定的属性等。显然，没有什么可以阻止新想法的诞生——原始宇宙的物理学不完全是通

Arp 147，是由两个通过引力相互作用而形成的一对星系，由
哈勃太空望远镜拍摄（2008 年）。

常想象的那样，或者广义相对论不足以描述这些宇宙大尺度结构。但所有这些可能性在科学界都还没有得到共识。

宇宙微波背景辐射的另一个有趣属性是它的极化，它描述了电磁波电场的振荡方式，而通过对极化的测量，人们得到了一些关于原始宇宙期间发生现象的信息。宇宙学家也在仔细研究 CMB 图谱的畸变现象。理论上，CMB 有一种特定的辐射特征，称为"黑体辐射"。但是实际观测结果与理论曲线出现偏差，这也可能是原始宇宙中发生的现象的残留物导致的。

许多其他星系的观测数据也起到了作用。通过研究我们周围星系的分布和结构，并测量其形状，天体物理学家得以对现有的宇宙学模型提出约束条件。研究人员想要测算的是宇宙膨胀的历史，为此他们使用了"标准烛光"的概念，指的是那些已知光度的宇宙天体，它们从物理学角度很好理解，通过研究我们已经知道了它们的行为特性，其中包括光度，超新星就是一个例子。由于物理学家们已经得到了它们的绝对星等，即恒星内部发出的光度，通过测量到达地球的发光部分（即其视亮度），可以得到它们的距离，从而估计宇宙的膨胀速率。

利用宇宙微波背景辐射和星系观测数据进行的测量表明，描述宇宙膨胀的哈勃常数的测量有问题。原始宇宙的密度涨落产生了今天的大型结构（星系和星系团），但观察到的涨落幅度并不能完全反映近期宇宙结构分布，正如引力透镜观察到的那样。尽管存在几个无法解释的反常现象，但必须承认，宇宙学标准模型运作得非常好，因为它反映了各种差异巨大且清晰准确的观察结果。

142 页　哈勃望远镜捕捉到了距离地球 1300 万光年的 NGC 4214
星系中新生恒星的"烟花表演"（2000 年）。

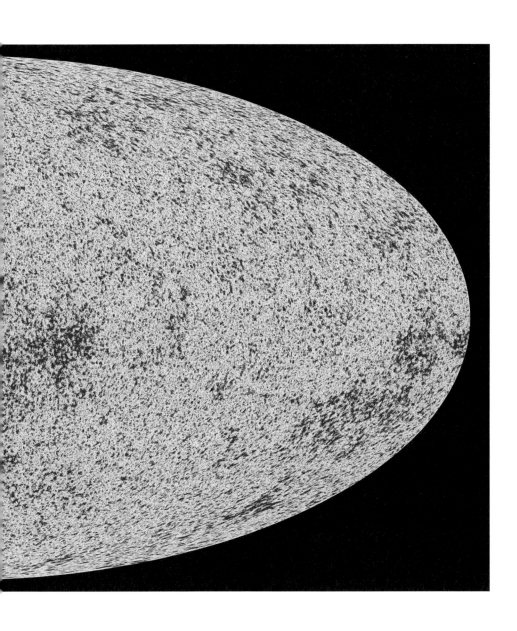

144~145 页　普朗克任务捕捉到了宇宙最古老的光，当时宇宙诞生仅有 38 万年：宇宙微波背景辐射（2013 年）。

宇宙的未来是什么？

　　大爆炸模型中未知的灰色区域的存在，要求物理学家需要加倍努力，改进仪器，完善理论，打破对现有成果的确信不疑。因此，针对各个宇宙方位和各个宇宙纪元都有新研究项目正在推进，科学面临的挑战仍然十分艰巨。在未来的一个世纪里，我们可以期待获得哪些观测证据能证实或反驳宇宙学的标准模型。

147 页　根据这颗失控恒星（狮子座 CW 星）的气泡大小，天文学家估计它用了大约 7 万年的时间失去大气层。图片来自 GALEX 星系演化探测器（2012 年）。

原初引力波

广义相对论预测了引力波的存在，但引力波通过实验被观测到也只有几年的时间，而且只是那些由黑洞或中子星合并而产生的引力波。然而，根据宇宙学家的说法，如果宇宙暴胀像学术界所预想的那样发生，那么原始宇宙也可能产生这种类型的引力波。而如果这种波确实存在，所引发的时空波动应该在宇宙微波背景辐射（CMB）中留下印记。因此，对 CMB 属性进行研究应该能够在理论上确定产生了多少原始引力波。但是在传统的宇宙暴胀情景下产生的引力波的数量极少，即使用 LISA（空间激光干涉仪，见第 151 页）和未来新一代仪器，也很难观察到它们。

相反，如果这些新仪器能够探测到宇宙微波背景辐射中引力波的存在，那么这必然标志着存在一种以前未曾预料到的现象，例如比现在更复杂的宇宙暴胀模型，或者相变，甚至是宇宙弦（见第 138 页"统一的理论"）。

未来的望远镜

下一代光学望远镜旨在扩展对宇宙中星系分布的研究。通过细致测量宇宙的大尺度结构，我们将有可能了解原始宇宙及其成分。

欧洲航天局的欧几里得任务目的之一就是绘制这些大尺度结构图，以对宇宙学标准模型的许多要素进行测试，比如引力理论、暗能量、暗物质和中微子的质量（见第 179 页）——根据粒子物理学的标准模型，中微子不应该

在距离地球 650 光年的地方，被称为"上帝之眼"的螺旋
星云是最接近地球的星云之一。根据哈勃望远镜和美国基特
峰国家天文台的数据合成图像。

有任何质量。然而一些实验表明，三种类型的中微子可以发生"震荡"，继而从一种类型转变为另一种类型。但这种现象只有在中微子有质量的情况下才有可能发生。

不巧的是，研究这些振荡的粒子物理学实验只能计算中微子之间的质量差，而无法直接计算中微子的绝对质量。这就是宇宙学的作用：由于中微子有质量，所以会产生引力影响。当中微子从宇宙高温、年轻时的相对论状态转变为冷却后的非相对论状态时，它们在宇宙的物质分布中留下了自己的特征性印记。物理学家正试图精确地测出中微子何时改变状态。通过分析星系研究数据，有可能确定中微子质量的上限，在未来几年里，新一代仪器将首先承担起这一任务，最终在理想情况下测量中微子的实际质量。

当我们观察宇宙微波背景辐射时，可以看到许多小的"高斯涨落"（遵循高斯分布）。如果宇宙暴胀期是存在的，宇宙模型表明应该有一个非常小的"原始非高斯信号"。然而，它们的振幅特别小，目前没有仪器能在宇宙微波背景辐射中测量到。宇宙学家希望有一天能够更精确地测量这种非高斯性水平，这将有助于揭秘早期宇宙物理学。

其他理论

我们很想让宇宙暴胀原理得到公认，特别是因为这一机制符合观测结果。尽管如此，许多科学家仍在研究替代模型。他们在研究中提出大量理论问题，如今我们需要重现观察结果。这项工作非常困难，但不一定就无法实现。

在其他理论中，宇宙的"大反弹"理论认为不需要一个加速膨胀阶段。根据大反弹理论，宇宙的膨胀和收缩过程交替出现。虽然在这里初始奇点不

引力波干涉仪

    LISA 是空间激光干涉仪的缩写，这是由欧洲航天局（ESA）开发的一项未来空间任务。受到 LIGO 和 Virgo 原理的启发，LISA 是空间中第一个引力波探测器项目。空间探测器的主要优点是它可以不受地面噪音特别是地震噪音的影响，因此对非常低的波段频率比较敏感，能够检测到超大质量黑洞的合并或探查原始宇宙。不过这要求探测器必须能在几百万千米远的地方感知相当于 1/10 原子大小的距离变化。为了实现这一目标，LISA 不是单一的仪器装置，而是由 3 个探测器组成，它们分别位于边长为 250 万千米的等边三角形的顶点。探测器之间可以交换激光束，通过比较接受光束与发射光束，就有可能追踪到探测器之间最微小的距离变化，从而追踪到引力波。目前 LISA 计划在 2030—2040 年发射。

存在，但宇宙在收缩和膨胀两个过程间弹跳时仍处于高能量、高密度状态，这只能由量子引力的统一理论来准确描述。"大反弹"模型的发展极为复杂，因为目前还没有一个完整的、成型的理论，只是有无数的建议堆积，这仍然是个推测性观点。不过，在这类能量尺度超出了地球上建造的粒子加速器范围的情况下，宇宙学现象提供了研究并了解这种大能量尺度的可能性。

152~153页　穿越气体和尘埃的逃逸的恒星，位于仙王座 B 和 C 区域。
由斯皮策太空望远镜拍摄（2009 年）。

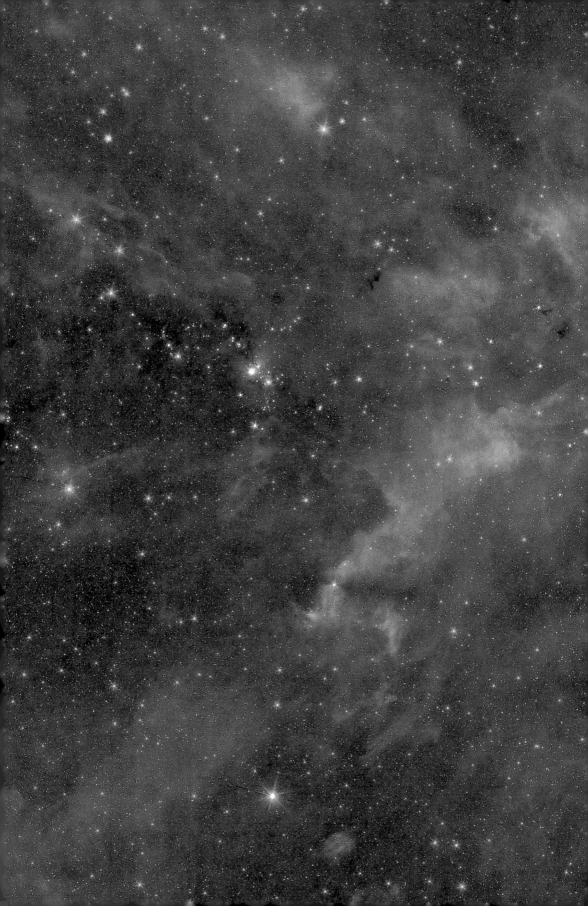

构想多个宇宙

每当谈到如何构建理论来统一广义相对论和量子力学时，多元宇宙或平行宇宙的概念就会很自然地出现。这种观点可能看起来很牵强，我们所处的宇宙也许只是众多可能存在的宇宙之一，每个宇宙都是独立进化的。目前基础物理学的许多研究都集中在美国理论物理学家莱昂纳多·萨斯坎德（Leonard Susskind）所描述的多元宇宙形成的"宇宙景观"上。

这是一个不断暴胀的时空，一个个泡泡宇宙断断续续地从中逃出来，就像我们的宇宙在 138 亿年前所经历的那样。这是一个由反物质组成的镜像宇宙，从大爆炸开始向后延伸……这些在很大程度上仍是推测性理论，与我们的观测宇宙学相去甚远，甚至在未来的几十年里也不会有进展。

不过，假如我们有足够强大的仪器，那么应该通过哪些观察来为这些假设收集证据？目前，我们还不明确可以测量哪些数据以提供切实的证据。任何科学理论都必须是可证伪的，也就是说必须能检验出它是真的还是假的，但对于泡泡宇宙来说，这一标准似乎更难实施。

这些质疑也适用于宇宙暴胀理论。一些批评者认为，宇宙暴胀的方式有很多，因此无论实际观察到什么，总可以找到一个可以解释它的模型。

此外，我们的观测能力也受到可观测宇宙的限制，可观测宇宙指的是宇宙中信息有时间从大爆炸到达地球的部分。我们是否有可能回到宇宙微波背景辐射（CMB）之前？根据 CMB 的定义，这无法用光信息来完成，但可以考虑其

155 页　为了探测宇宙的黑暗时代，天体物理学家
计划在月球远端安装探测仪。

他的信使。例如中微子退耦，指中微子不再与其余物质相互作用，退耦发生时宇宙的能量较高，也较年轻，在诞生后的几秒内。因此，对这种宇宙中微子背景辐射的观测可以为了解原始宇宙提供新见解。

宇宙的尽头

宇宙的开端是许多谜团的起源，但宇宙终将去往哪里也同样是个谜。它的演变有多种可能性，主要取决于两个因素：宇宙膨胀和宇宙所包含的物质数量。

如果宇宙的加速膨胀阶段永远持续下去，将会呈现指数级稀释。恒星将消亡，黑洞被剥夺了物质，将逐渐蒸发。宇宙最终会在"大冻结"中慢慢死去。相反，如果是"宇宙大反弹"模型，它将在一定时间后停止膨胀，然后再次收缩。无论是哪一种，宇宙还将存在几百亿年，然后会发生最激烈的情况——宇宙大冻结，这可能将长达数 10^{27} 年。这个时间尺度与我们还有 50 亿年的太阳的寿命完全不成比例。

本篇总结：到本世纪末，我们将对宇宙的诞生了解多少？

第一个答案可能是暗物质。近年来，科学家们在实验中积累了很多证据，一些研究人员乐观地认为这一领域很快会有重大发现。大规模星系调查也能帮助我们更多地了解暗能量和宇宙膨胀。

引力波探测开创了多信源的天文学时代，人们不再仅仅依赖于光和对电磁辐射敏感的望远镜。因此，引力波像宇宙射线和中微子等其他信息载体一样，将是未来调查宇宙的重要途径。

另外探测黑暗时代和再电离过程的研究项目也在推进中，也许在未来几十年内才开始慢慢产生结果。这其中包括在月球远端安装仪器的项目。事实上，对于研究这个尚未形成恒星的遥远时代，卫星探测是一种完美的方式，因为它不受大气层的干扰，而且可以通过部署大型射电望远镜来进行这类研究。

虽然在今天看来，有些理论问题和实验挑战仍然是完全无法克服的，但我们要看到的是，在不到一个世纪的时间里，人类对宇宙历史的理解已经有了很大的发展。在我们这个时代似乎难以想象或难以理解的事情，在 50 年、100 年后可能就没那么难了。科学的历史上立满了打破认知和转变范式的丰碑，这可以用一句话简单概括：永远不要说不。

第四章

我们会了解宇宙的结构吗？

海伦·库尔图瓦
（Hélène Courtois）

法国大学研究所高级成员，宇宙学专家，荣获法国学术棕榈骑士勋章

描述已知的宇宙　　　　　　　　160
暗物质之谜　　　　　　　　　　174
暗能量和加速膨胀　　　　　　　188

CONNAÎTRONS-NOUS
LA STRUCTURE
DE L'UNIVERS ?

描述已知的宇宙

　　作为一门宇宙科学，天文学的出现往往可以追溯到古代，特别是古希腊和古罗马文明都曾在这一领域作出过重要贡献。不过，人类对宇宙的遐思持续得更久！考古天文学是一门较新的学科，诞生于天文学和考古学的交叉领域，它试图了解最古老的民族是如何想象宇宙的。

158 页　蟹状星云，一个超新星的残余物，由哈勃望远镜观测到（2017 年）。1054 年，中国和日本都曾观测到这次超新星爆发。

161 页　英仙座星系团中的炽热气浪，跨度达到 20 万光年（银河系直径的两倍）。图像根据无线电、计算机和钱德拉 X 射线天文台的数据合成（2017 年）。

第一批观察宇宙的人

许多研究报告表明，澳大利亚原住民在观察宇宙这件事上发挥了重要作用：5万年前，他们应该是第一批真正思考过宇宙的人，甚至对宇宙做出过表述。研究人员不排除他们连分至点都还没办法搞清楚的可能性。

一些科学家认为，对史前遗址上的洞穴壁画的研究表明，早在那个遥远的时代，人类与天空就已经产生联系。例如，拉斯科洞穴的"水井图"实际上可能展示的是一年一度的金牛座流星雨。在另一个洞穴里，有一幅画，画的是一只头上有五个黑点的黑牛，让人联想到金牛座的昴宿星团。

在南美洲，玛雅人和阿兹特克人崇拜太阳和月亮，这是天空中的两颗主要天体。在英国，像巨石阵这样宏伟的石头阵列也反映了古代人高水平的天文知识。

后来，古代人开始对行星更感兴趣——这个词在古希腊语中的意思是"流浪的星星"。在那之前，人类关于宇宙的认知基本上仅限于学习如何确定太阳和月亮的周期。古代天文学家并不是第一批对星座感兴趣的人，但是他们为这些星座绘制了精确的地图，并给它们起了名字，一直沿用至今。"天球"被绘制出来后，就有可能确定发生事件的位置。

在西方，这种方法主要是描述性和几何性的：需要人们测量天空中物体的角度、位移和高度。相反，在地球其他地方的人，特别是在印度和非洲，他们与宇宙保持的是一种精神联系。

宇宙学，即宇宙和环绕我们周围的事物的历史，与我们的环境有系统性的联系。对因纽特人来说，宇宙是笼罩在我们星球之上结霜的天幕，星星代表闪

古希腊天文学家希帕克（Hipparchus）（公元前2世纪）记录了大约850颗星星，确定了它们的天体坐标和星等（雕像，约1880年）。

烁的冰霜，而雪就代表星星落在地上。有些印度民族认为宇宙是由地下世界组成，而这些世界都建立在一个龟壳上面，要跨几个天空才能达到星星。一些非洲民族则以根深蒂固的巨树为基础构建了宇宙。如今西方的宇宙论也受到这种环境效应的影响。随着时间推进，我们已经发展了一种数学语言，今天的宇宙学基本是建立在几何学和物理学之上。然而这种宇宙论也仅仅是我们自己讲述的一段宇宙史，其中某些内容仍未得到证实。

恒定进化中的宇宙学模型

我们对宇宙的理解是不断发展的，有时在比较短的时间内就会发生很大变化。例如，爱因斯坦在20世纪初对宇宙的看法与我们现在非常不同：他不知道自己生活在一个星系中，也不知道有其他星系存在。而当他提出广义相对论的时候，宇宙被认为是固定的。

虽然宇宙学被定义为一门研究宇宙结构和演变的科学，但宇宙学模型并不能描述宇宙的客观现实：它只是我们对宇宙的一种不完美表述。而这种表述不仅取决于当时的科学知识和概念工具，还取决于测量仪器的局限性和我们对其工作原理的理解。无论是怎样象征性的表述——洞穴底部的雕刻、玛雅金字塔中的图表或宇宙大爆炸模型——当涉及定义我们在宇宙中的位置时，都会产生同样的问题：我们在宇宙中是否拥有特权地位？宇宙是不变的，还是恰恰相反，在不断地进化？

几千年来，这些问题几乎没有答案，直到文艺复兴时期的宇宙学模型才改变了地球的位置，不再将它置于宇宙中心。从 20 世纪初，我们才开始形成宇宙是不断变化和扩张的概念。而对于天体物理学家来说，距离人们确认系外行星（太阳系边界以外的世界）是真实具体的存在仅仅过了 25 年。

从伽利略望远镜到现代望远镜，科学仪器的改进使建模工作飞速发展。观察宇宙的技术越来越容易获得，并在全球范围内实现共享，逐步消除了此前的环境限制，为建立统一的宇宙学模型开辟了道路。最新实验技术可以对光以外的信息源加以利用，如引力波（见第 148 页）或中微子等基本粒子（见第 179 页），这将有助于进一步发展现有的宇宙学模型和我们对宇宙的理解。

宇宙学常数：一个纠正性参数

如果说狭义相对论引入了空间和时间的耦合，那么广义相对论则强调了质量和空间几何之间的密切关系。20 世纪初，爱因斯坦和他的妻子米列娃·玛丽克（Mileva Marić），以及数学家马塞尔·格罗斯曼（Marcel Grossmann）最初阐述广义相对论时，它首先是一个数学模型，没有对现实做出解释——这是物理学家该做的事。

按照广义相对论方程最初的写法，这显示了一个不稳定的宇宙，它最终必然会在引力影响下发生演变。但在当时，一个非静态的宇宙是不可想象的。19世纪时，英国的天文学家兄妹威廉·赫歇尔（William Herschel）和卡罗琳·赫歇尔（Caroline Herschel）进行的天文勘测已经揭示出银河系的形状，但在20世纪初的物理学家看来，宇宙仍然只限于我们的银河系：像仙女座星系或大小麦哲伦云这样的大型结构通常被认为属于银河系。

为了稳定这些方程并确保宇宙保持静态，阐述广义相对论的三位数学家决定引入一个纠正参数，它被称为"宇宙学常数"。然而，与此同时，在20世纪20年代，埃德温·哈勃（Edwin Hubble）不仅揭示了在我们的星系之外存在着其他星系，还表明这些星系距我们越远，远离的速度就越快。

了解宇宙的大型结构

发现宇宙膨胀是我们认识宇宙的一个转折点。这不是一个容易理解的现象。虽然空间在扩张，但空间中大多数物体并没有改变形状：在局部地区，引力正在对抗这种扩张。因此一个星系本身没有扩张。举个形象的例子，把空间想象成一块格子桌布，星系是放在上面的杯子，杯子不会因为我们从四面八方拉动桌布而变形。

在观念转变的同时，望远镜的改进使我们能够对宇宙进行更精细的测绘。这在很大程度上归功于"红移"测量的出现（见第 127 页），它可以测量星系

之间远离的长度。由此我们能够从天穹的"平面"视角（二维视角），转向三维视角的探索。尽管之前也有许多宇宙学说探究过宇宙的体积问题，但通过红移测量，天文学家终于能够走出银河系，进入宇宙深处。

1958年，美国人乔治·阿贝尔（George Abell）发表了一份包含几千个星系团的目录，发现天空中某些地方的星系比其他地方多。原来星系并不完全均匀地分布，宇宙中可能有一些潜在的大型结构。阿贝尔提议将这些星系的组合称为"星系团"。20世纪30年代，美国天体物理学家哈罗·沙普利（Harlow Shapley）也发现了一片恒星非常丰富的区域，后来被称为沙普利超星系团。像这样行星集中的巨大区域通常被叫作"超星系团"。

到20世纪60年代末，人们知道的星系还非常少（只有几千个）。宇宙看起来仍然是相对均匀的，而这些星团更像是汤中的块状物，而不是真正的宇宙架构。80年代，天体物理学家约翰·赫钦拉（John Huchra）、玛格丽特·盖勒（Margaret Geller）和瓦莱丽·德拉巴昂（Valérie de Lapparent）进行了多项重要的天文调查，发现了一些"星系丝"正在到达或

银河系 "藏宝书"

1925 年，哈勃提议根据星系的表面形状将其分组。这种分类被称为哈勃序列，传统的以音叉形状表示，分支代表了主要族系。169 页图中左侧是椭圆星系，它们是由三维恒星组成的球状组合，没有特定模式。这些星系一般都含有老年恒星，星际物质和星际气体贫乏，这限制了新恒星的出现。图的右侧有两个分支，第一个分支包含了旋涡星系，其形式是一个扁平的圆盘，中间有一个隆起，旋臂绕着中心；第二个分支包含了棒旋星系，例如我们的银河系，其中旋臂环绕着中央的恒星带。在所有分支的交汇处是所谓的 "透镜" 星系（有一个圆盘，没有旋臂）。最后，不适合这种分类的星系被归入 "不规则星系" 名下。1959 年，杰拉尔·德·沃库勒尔（Gérard de Vaucouleurs）对哈勃序列进行了改进，将星系的一些更精细的特征纳入分类标准。

离开后发座（又被称为 "贝蕾妮丝的头发"）的星团。几年后，新的调查显示，这些丝状物实际上形成了一个大型的星系墙。这是天文学家们第一次观察到这样的结构，它也由此获得了 "长城" 的名称。

与此同时，1990 年发射的哈勃卫星为世界提供了第一批星系图像。这些图像对公众的影响相当大，对天文界内部也是如此，专业人士们终于有机会获得高清彩色的宇宙图像。

169 页 一个环状星系，由一圈相对年轻的蓝色恒星形成。
图像由哈勃太空望远镜拍摄（2004 年）。

2000 年，斯隆数字天空勘测计划（SDSS）启动。借助美国阿帕奇波因特天文台的专用光学望远镜，这个雄心勃勃的计划准备绘制 1/4 的太空区域，并记录 1 亿多颗星星。凭借这些收集到的数据，2003 年，天文学家宣布发现了史隆长城，它的长度和宽度是此前发现的最大结构的两倍，这也使它成为迄今为止已知的最大的宇宙结构。这证实了宇宙确实是一个类似于肥皂泡的大型星团的集合，星系就分布在这些星团上。

拉尼亚凯亚的"七武士"

如果星系可以随着宇宙膨胀而移动，那么从理论上讲，因为涉及巨大的质量，星系的运动也应该被引力所改变。基于这一考虑，由桑德拉·法布尔（Sandra Faber）和唐纳德·林登－贝尔（Donald Lynden-Bell）领导的一个天体物理学家小组研究了一种测量星系运动相对速度的方法。20 世纪 80 年代末，研究人员发现，银河系及其近邻的运动似乎汇聚在一个特定的位置，他们称之为"巨引源"。

这一理论远没有被一致接受，狂热推崇宇宙膨胀理论的反对者们认为，这无异于给研究小组的职业生涯画上了句号。几位天体物理学家也因此赢得了"七武士"的名号。不过，有可能通过整合第四维度"时间"绘制出星系运动真实的地图，如今这种想法得到了更多支持。这不再是一个简单的识别结构的问题，而是要理解它们为什么和如何形成。

在创建越来越大的地图的过程中，一个由布伦特·塔利（Brent Tully）、海伦·库尔图瓦（Hélène Courtois）、耶胡达·霍夫曼（Yehuda Hoffman）和丹尼尔·波马雷德（Daniel Pomarède）组成的国际团队发现，在巨引源

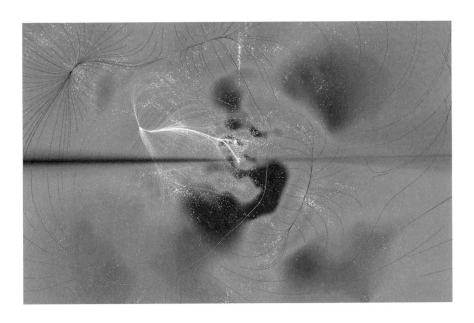

拉尼亚凯亚是一个橙色边缘、内直径为 5 亿光年的超级星系团。
这就是银河系（红点处）所属的超级星系。

后面，有一些星系在向它坠落。研究人员还观察到，在更远的地方，其他星系似乎正朝着另一个宇宙吸引点前进。他们随后意识到，这些大型宇宙结构类似于分水岭——当你看到与山谷接壤的两座山脉时，会更容易看出山谷的形状。2014 年，他们公布了拉尼亚凯亚的结构，这是一个巨大的星系团组合，银河系也位列其中，这些星系都在流向巨引源。拉尼亚凯亚来自夏威夷语，lani 意为"天堂"，akea 表示"不可估量"。

拉尼亚凯亚将如何发展？在不了解宇宙膨胀机制及其演变可能性的情况下，断然回答这个问题是有风险的。根据目前的知识水平，人们推测拉尼亚凯亚最终很可能会消散，因为其外围的星系没有被引力充分固定在一起。另外，

巨引源将保持原状。在科学界还停留在宇宙膨胀问题上时，拉尼亚凯亚的发现表明了引力的重要性，大大推进了我们从物理角度对宇宙学的理解。

现在我们对星系如何聚集和移动有了更多的了解，那么在这些大的星系群之间还有什么存在？——虚空。理论上看，空间是纯粹的、不受引力干扰的。

172~173 页　斯隆数字天空勘测计划（SDSS）计划已经记录了超过 10 万光年尺度的数十万颗恒星和白矮星的位置和速度。

由于这个原因，在宇宙学家眼中，这些空间区域已经成为真正的宇宙学探测器。大型结构和宇宙真空在某种程度上是一枚硬币的两面，它们应当一起引导我们对宇宙有一个全面的了解。

L'ÉNIGME DE LA MATIÈRE NOIRE

暗物质之谜

正如物理学中经常出现的情况，研究一个物体的动态可以比研究其静态提供更多信息。随着观测仪器的改进，天文学家们开始对星系中恒星的运动产生兴趣。恒星围绕银河系中心旋转，其速度直接取决于它们与中心的距离。例如我们的太阳和地球位于银河系外围，每秒钟前进约 220 千米。

然而在整个 20 世纪里，继暗物质研究先驱维拉·鲁宾（Vera Rubin）的开创性工作之后，积累的天文观测数据越多，标准宇宙学模型中的异常现象就越明显。标准宇宙学模型无法解释恒星运动的现实，除非假设存在一种科学仪器无法探测的新型物质："暗物质"。

175 页 由于暗物质的存在，阿贝尔 1689 星系团对它后面的物体起到引力透镜的作用。由哈勃卫星拍摄（2017 年）。

消失的质量

早在 20 世纪 60 年代，美国天文学家维拉·鲁宾（Vera Rubin）就开始研究星系的旋转速度。从观察结果中，她发现了一些问题：恒星的旋转速度很快，理论上在这种高速旋转下它们应该被抛射出去。然而如果把所有的恒星放在一起考虑，似乎没有足够的引力来抵消旋转产生的离心力防止星系分散。

此外，通过哈勃太空望远镜的观察（其中包括一些非常遥远、古老的星系），宇宙学家们发现，一个星系最终体积变化很微小：星系的演变并不会产生太大差异，可能颜色会根据所包含化学元素的变化而改变，但星系本身似乎并不会解体。

所有这些结果都倾向于表明，星系之中存在一些非行星形式的质量。20 世纪 30 年代，天体物理学家弗里茨·兹威基（Fritz Zwicky）在一个不同的规模尺度（河外星系）上得出了这个结论。他注意到星系在星系团内似乎移动得非常快，因此提出星系外可能有物质存在。兹威基异想天开的个性和观察的局限性并没有说服当时的同事。而对于处于事业早期阶段的维拉·鲁宾，科学界对她所做的星云观察也持类似保留意见，不愿意接受这样的理论，特别是在这样一个由男性占主导地位的领域。然而，对恒星运动的观测改变了这种情况：当所有人都开始编制恒星运动目录时，人们无法再质疑维拉·鲁宾观测中存在任何弱点或与其他男性研究者的差距。

兹威基提出了河外星系存在物质的想法，而维拉·鲁宾所做的工作则能够使她成为暗物质研究的权威——之所以不叫"黑物质"，是因为"黑"说

我们在银河系中的位置

太阳到银河系中心的距离	28000 光年	星系盘空间尺度	10 万光年
太阳质量	地球质量的330000 倍	银河系估算质量	太阳质量的1 万亿倍
本星系群空间尺度（银河系所在星系团）	1000 万光年内分布了 60 个星系	拉尼亚凯亚超星系团空间尺度	5 亿光年
本星系群估算质量	太阳质量的2.3 万亿倍	拉尼亚凯亚超星系团估算质量	太阳质量的1000 万亿倍

1 红外线下星水平延伸的银河系图像，由 *WISE* 拍摄（2012 年）。

明这是吸收辐射的不透明物质，这就意味着可以很容易通过望远镜观测到，而"暗物质"则概括了它的神秘性：一种仍然未知且看不见的物质，但大到足以影响星系运动。对于许多天文学家来说，只要证明了暗物质的存在，维拉·鲁宾就能获得她应得的诺贝尔奖。但直到2016年她去世也没有获得诺贝尔奖的认可，这也彻底没有了得奖希望，因为诺贝尔奖只颁发给活着的研究人员。然而，正如我们下文在对暗能量的讨论中提到的，值得获得诺贝尔奖的是观察一个现象，而不是对该现象的理解。这是又一起针对女物理学家的蓄意行为。

随着观察越来越精确，科学家们发现，似乎所有尺度上的质量都有缺失：在星系内、在星系团内，甚至在最大的已知宇宙结构内。计算结果表明，暗物质甚至比普通物质多4倍。我们设想了两种可能：要么这种物质以一种尚未被确认的形式存在，要么引力方程是错误的。目前该领域研究的挑战是如何在这两种可能性之间做出选择。

探测暗物质

目前有几个模型试图解释暗物质可能是什么。其中有一个涉及大质量粒子，它们与普通物质的相互作用非常小，这可以解释为什么它们以前没有被探测到。这些WIMP（大质量弱相互作用粒子）可以在非常高能的粒子碰撞中产生，例如在日内瓦附近的欧洲核子研究中心的世界上最强大的粒子加速器——大型强子对撞机（LHC）中产生。WIMP不会在LHC的探测器中留下任何痕迹，但它们可能会带走对撞过程中释放的部分总能量。所以，在这些事件中，能量的消失无法解释，这可能给物理学家们指明了方向。而另一

惰性中微子和轴子：其他暗物质候选者

　　暗物质理论也考虑到其他粒子的可能性。中微子是物理学中知名的粒子，它非常轻，运动的时候几乎不会被阻挡，因为它们与物质之间的相互作用很小。人们认为，可能存在一种新的中微子类型，称之为"惰性中微子"，因为它们只通过引力与其他粒子相互作用。迄今为止的实验产生的结果并不相同，所以这个问题仍没有确切答案。科学家们寄予希望的另一个候选者是轴子，这是一种假设的粒子，比 WIMP（大质量弱相互作用粒子）轻得多，而且与普通物质的相互作用也非常小。如果暗物质确实由轴子构成，那么它的数量必须大得惊人，才能解释星系和星系团的运动。最近已经进行了第一批轴子检测实验，几年后可能会产生一些有趣的结果。

种可能性，需要我们等待粒子在真空中以粒子—反粒子对的形式出现，正如量子力学所预测的那样。然而，到目前为止，这种机制只产生了人们已知的粒子和反粒子。

　　其他实验则试图探测宇宙中 WIMP 的路径。EDELWEISS（WIMPs 地下探测实验）是其中一种，该实验在法国弗雷瑞斯的摩丹地下实验室进行。实验原理是使用锗探测器，等待其中一个原子被穿过介质的 WIMP 击中，观察其产生的反冲力，就像台球一样。选择锗是因为它的电子特性。事实上，这种撞击会释放出电子，留下可以被仪器测量的信号，也会导致温度小幅上升——大约有百万分之一摄氏度。然而，即使暗物质一直在我们身边，产生这种冲击的概率也极低，这意味着我们需要一个极大的反应容器，而且需要等待很久很久。

这些不同方法的目的都是直接探测暗物质，但也可以考虑间接探测的方法，比如2006年发射的"资源-DK1"卫星上安装的PAMELA（反物质探测和轻核天体物理荷载）。通过研究抵达大气层高处的粒子喷流，科学家们试图确定这些闪光是碰撞和湮灭的标志。

然而到目前为止，没有任何实验能够发现暗物质的蛛丝马迹。不过随着数据和研究结果的积累，我们可以排除某些能量或质量的可能性，甚至排除某些候选粒子，逐渐缩小研究范围。

DUNE 的一个探测器内部。这是欧洲核子研究中心（CERN）
在2017年进行的实验，目的是在地下深处捕获中微子。

晕族大质量致密天体的谬论

既然宇宙中暗物质的含量如此丰富，那么它会不会是由躲过天文学检测的某些天体而不是由粒子形成的？这是部分科学界人士提出的想法，他们用缩写 MACHOs（晕族大质量致密天体）来指代这些假想中高密度、大质量和难以观测的天体。这些微弱的天体可能类似于褐矮星，它们比巨行星大得多，但质量不足以通过触发热核反应而成为恒星或白矮星，即死亡恒星的残余物。

20世纪90年代初，美国的 MACHO 和法国的 EROS 两个实验观察了数百万颗星星，研究者们在等待一个大质量天体从地球和恒星之间经过，其巨大的引力可以使恒星的光线弯曲，并将其光线聚焦到地球的方向，该物体将起到光学透镜的作用。由于我们会收到比平时更多的光线，这颗星在我们看来会显得更亮。然而，这两个实验并没有产生任何有说服力的成果。三十年过去了，有人认为可以通过改善工具性能来重启这一类型的项目，不过没有必要这样做，因为现在探测系外行星的设备已经非常精密，它们能够告诉我们潜在的探测结果。

虽然星系内暗星的假设已被明确排除，但仍有可能存在暗星系，即那些含有少量气体和少量恒星的星系，由于它们的曝光时间太短，无法拍出有价值的照片，因而被望远镜所遗漏。我们已经知道了几个这样的星系，但对天文学家们的好奇心来说，它们没有什么非常神秘的信息可以提供。

地球被暗物质细丝包围的想象图。

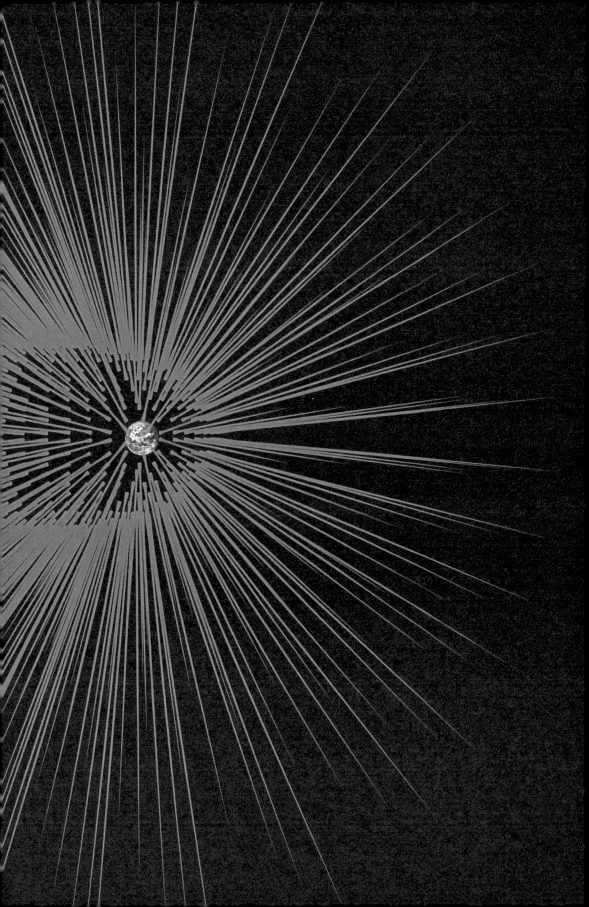

哈勃望远镜观测到了天炉座星系团中超远距离星系的红移（2013 年）。

没有暗物质的星系？

2018 年，研究人员发现一些小星系似乎没有任何暗物质，只有恒星和气体。然而，这一说法仍有待商榷，因为这种不确定性的边际是不容忽视的。为了知道一个星系是否包含缺失的暗物质，需要用两种独立的方法来估计其总质量并比较结果。第一种方法是计算恒星的数量并乘以其质量，与恒星的质量相比，行星的质量可以忽略不计。第二种方法是建立银河系的旋转曲线，可以明确恒星的速度与它们距离银河系中心的函数。由于研究人员所确定的星系的旋转都非常小，因此很难用这种方法来分析它们的质量。

这种星系并不位于宇宙的任何地方：它们是大型星系外围的卫星星系。但天文学家们仍然想知道它们的形成时期：它们是否为化石星系？——如果这些天体从未被干扰过，就可以提供一些有关其历史的宝贵信息。也许它们是在没有暗物质的时候形成的？暗物质是否以牺牲小星系为代价，在大型星系的成长中扮演了重要角色？

修改引力理论

如果暗物质不存在呢？那么我们将不得不考虑重写爱因斯坦的方程式。从大范围来看，这项任务非常复杂：在不引入额外质量的情况下解释在星团中观察到的引力透镜效应，这需要彻底重构广义相对论。在解释大型宇宙结构层面上星系过高的引力速度时，更是如此。要么是对引力的理解有误，要么是错误地区分了引力影响与膨胀影响。

修改引力定律是"修正牛顿动力学（MOND）"的主要问题之一，这一假说由以色列物理学家摩德埃·米尔格鲁姆（Mordehai Milgrom）于 1983 年提出。米尔格罗姆推测，在很远的距离上，引力的表现并不像目前理论所预测的那样。米尔格罗姆假说的第一个版本过于简单，最终被某些宇宙观测结果所否定。因此，为了使修改后的引力理论获得成功，需要发展一个足够复杂的版本，以经受现代测量仪器的所有检测。

近年来，特别是通过宇宙学家亚历山大·阿尔贝（Alexandre Arbey）的研究，出现了另一种理论：黑暗流体理论。这个模型结合了引力修正和真空中的加速膨胀理论，并涉及一种流体，其压力可以根据环境的密度而改变正负性。在高密度情况下，流体会产生负压：此时它有吸引力，可以代替重力。相

反物质，
一个不太可能的选择

从引力的角度来看，反物质和普通物质是相似的，电荷的反转没有发挥任何作用。这就提出了一个问题：反物质是否已经盘踞在空间的某些区域，远离普通物质以避免湮灭，但距离也足够产生明显的引力效应。在这种情况下，只有宇宙真空为反物质的积累提供了这种条件。在这种情况下，对拉尼亚凯亚这样的超星系团内的动态观测应该能够探测到任何可能产生异常星系运动的引力扰动。然而到目前为止，结果表明宇宙真空确实是空的，从暗物质的角度来看宇宙真空并没有起到作用。

反，在低密度区域，如宇宙真空，流体会产生正压：此时它呈排斥性，因此类似膨胀。尽管这种模型仍有很多限制性，但它的优点是不仅可以解决暗物质的问题，还可以解决当前宇宙学的另一个主要问题：暗能量。

186 页　宇宙的三维地图，由 SDSS（斯隆数字天空勘测计划）和 eBOSS（扩展的重子振荡光谱调查，SDSS-IV 阶段的调查之一，旨在测量宇宙早期历史）在 2020 年发布。物质的细丝和空隙定义了早期宇宙的结构：图片中央是我们所处的位置，外围的亮点是具有 110 亿年历史的类星体，年轻的星系以蓝色显示。

暗能量和加速膨胀

暗能量是爱因斯坦提出的宇宙学常数的物理解释。在 20 世纪 90 年代末，萨尔·波尔马特（Saul Perlmutter）、布莱恩·施密特（Brian Schmidt）和亚当·里斯（Adam Riess）的观察表明，宇宙膨胀正在加速。在膨胀现象被揭示 70 年后，这一重要发现为他们赢得了 2011 年的诺贝尔物理学奖，但也带来了一个基本问题：是什么导致了这种加速？

189 页　超新星爆炸所释放的亮度和能量告诉天文学家它离地球有多远。图上是通过 VLA 射电望远镜看到的超新星残骸 CTB1（2019 年）。

加速膨胀的宇宙

为了寻找加速膨胀的原因，研究人员对超新星进行了相对距离的测量，这与超大质量恒星的爆炸有关。超新星被认为是"标准烛光"，即它们的发光曲线总是相同的，只取决于观测距离。因此，低亮度表明超新星处于一个非常远的距离。

通过测量地球和几个超新星之间的距离，很明显，人们发现其中一些超新星比哈勃－勒梅特的空间持续膨胀模型所预测的要远。因此，宇宙很可能在生命的一个或多个阶段经历了加速膨胀。我们可以通过假设存在一种能量"推动"膨胀加速来解释这一结果。

对宇宙学模型的这种挑战没有立即被科学界接受。直到大约十年后，其他研究小组公布了他们的观测结果，他们观测到的超新星数量更多，统计上的偏差也更小，这些更深入的研究证实了波尔马特、施密特和里斯的初步发现。尽管如此，一些科学家仍然怀疑这种加速，他们认为目前观察到的证据完全建立在我们对超新星已有的了解之上，但这种了解有一天可能会被证明是错误的，至少是不完整的。在这种情况下，对于这一问题，我们倾向于认为超新星并不是纯粹的标准烛光，因此有时可能对它们的光度产生错误认识。测量中的一个小误差就足以让人以为产生了加速，尤其是迄今为止物理学家们的研究只限于附近的超新星，而它们的膨胀和加速仍然处于温和阶段。现在我们的目标是要能够研究更遥远的超新星。

然而，随着对超新星的分析变得越来越复杂和精确，一些天文学家认为超新星的发光曲线取决于其恒星环境的年龄。旋涡星系一条旋臂中的一颗的年轻超新星将会成为标准烛光。相反，如果这颗年轻超新星被古老的恒星所包围，它将被归入另一个超新星家族。在这个问题上，领域内超级专业人员之间的辩论再度升温！

为了克服研究超新星的局限性，人们必须研究星系等其他宇宙物体。塔利－费舍尔（Tully-Fisher）定律描述了一个旋涡星系的发光度与自转曲线振幅之间的关系，可以用来确定星系的距离，其方式类似于超新星测距。但目前受制于望远镜功能，还没能做到确定星系距离。随着欧几里得卫星即将发射，天文学家们相信将来能够进行这样的测量。

不同阶段的机制

对于宇宙学家来说，暗能量是一种随时间变化的现象。大爆炸后的瞬间，宇宙经历了一个暴胀阶段，其间膨胀速度大大加快（见第 129 页）。以人们目前的知识水平来看，这是宇宙学家能够解释宇宙为何能够快速冷却到形成原子的唯一方法。在这个初始阶段之后，膨胀速度减慢，星系和大型结构诞生。然后在大约 70 亿年前，当宇宙只有其目前年龄的一半时，我们认为加速又开始了，但比最初宇宙暴胀时期要慢得多。这个加速阶段一直延续至今。在宇宙的整个生命过程中，需要更多的基准点，以便物理学家能够测试和完善他们的模型，使之更好地与观测数据相符。

爱因斯坦在广义相对论的方程中引入了宇宙学常数，以便消除从他的第一个公式中自然产生的膨胀。但当观测结果表明这种膨胀非恒定时，就有必要用一个推动膨胀加速的能量项来取代方程中的宇宙学"常数"。这个术语对应的不能是引力物质，因此必须从其他地方找到它的来源。

哈勃望远镜观察到距离地球 1150 万光年的 M82 星系中的超新星爆炸（2017 年）。

神秘的主导能量

相对论引入的方程式 $E=mc^2$ 将能量和物质放在同一个层面上。为方便起见，宇宙学家将所有质量和能量的总和汇总为一个总能量密度，命名为 Ω。

总能量密度包含两个术语：$\Omega\Lambda$ 指的是暗能量，Ωm 表示宇宙中所有物质的能量，包括普通物质和暗物质。宇宙膨胀和暗能量对应物质所处的网状空间结构，占这个能量平衡的 3/4。这意味着，宇宙需要 75% 的能量来制造空间网格。在剩下的 25% 中，只有 5% 是重子物质，即我们知道的粒子，其余的是未确定的暗物质。这意味着，目前我们只知道宇宙中很小的一部分。

可能的候选者

早在 1998 年，就有人提出了"第五元素"模型（该模型推动了"存在某种形式的暗能量可以解释宇宙膨胀加速"的假设），试图解释超新星的行为。"第五元素"可以被看作一个具有能量密度和负压的场，它直接推动空间网格以加速的方式扩张。

194~195 页　诺玛星团中的星系间冒泡的气体是罕见的。旋涡星系极其迅速地穿过这些气体，以至于本身的气体被捕获并斯碎。图像由哈勃望远镜和钱德拉 X 望远镜观测并拍摄（2017 年）。

目前，能够解释暗能量性质的一个最有希望的候选者是前文提到的暗流体。从物理学的角度来看，这一现象与流体相关是个非常有趣的观点。的确，流体不一定是气体或物质，但这一概念让人想起了几个世纪前，乙醚被认为是一种充满所有空间的介质，而且是光传播的场所。还有一种理论是由意大利物理学家、弦理论（见第 138 页）之父加布里埃尔·韦内齐亚诺（Gabriele Veneziano）围绕"膜"提出的。

"宇宙膜"被定义为宇宙弦的多维泛化。这一理论通过纳入其他维度和平行宇宙，或叫作"多重宇宙"，以从根本上修改广义相对论的方程式。那么，我们的经典四维时空将只是一个更大的整体中的一个子部分。

此外，欧洲核子研究中心的 AEGIS 实验（反氢实验：重力、干涉测量、光谱学）正在通过分析氢原子和反氢原子在地球重力场中的下落来研究反物质的特性。关键在于要确定这两类原子的行为是否相同，或者引力常数是否因物质和反物质而不同。在一些宇宙学模型中，宇宙真空并不完全是空的，反物质或反重力场等元素可能留在其中并影响其环境。

因此，粒子物理学家和宇宙学家都在持续关注暗能量的真实性质这一宇宙学问题，前者寻求尽可能从最基本的粒子层面研究，后者则从另一端着手，通过绘制星团和空洞的巨大宇宙结构来解决这一问题。

本篇总结：本世纪末之前，黑暗领域的研究能有成果吗？

宇宙学在 20 世纪经历了一场概念和观测的双重革命。一方面，广义相对论的出现深刻地改变了空间、时间和引力之间的关系；另一方面，越来越强大的科学仪器同时支持和推倒了这个新理论及随之产生的宇宙学模型。

欧几里得（Euclid）是欧洲打造的一个空间卫星，计划于 2022 年 6 月发射（因故延期发射，现仍未发射），其目的不仅是研究宇宙膨胀的历史，而且是通过分析暗物质的分布来研究宇宙大型结构的形成。欧几里得计划运行 6 年，它可能从第一年开始就能回传足够的数据，以推进对黑暗领域的认识。

我们对暗物质的搜索越来越多，潜在候选者避开观测的可能性也就日益减小。至于暗能量，这个谜团似乎更加难以解决。无论我们能成功证实其中一个假说，还是不得不重新思考宇宙的结构，下一代天文学家们可能还要继续探索黑暗领域的秘密。

第五章

我们可以去另外一个星球定居吗？

罗兰·勒霍克
（ROLAND LEHOUCQ）

法国原子能委员会的天体物理学家、宇宙拓扑学专家

→

目标：月球   200
建立火星基地   214
星际旅行能实现吗?   224

POURRONS-NOUS
COLONISER UNE
AUTRE PLANETE?

OBJECTIF: LUNE

目标：月球

早在古代历史上，人们就已经有了在太空行走的想法。公元 2 世纪，萨莫萨塔（现位于土耳其）的卢西恩在他的作品《真实的故事》中描述了船上的人如何被一场风暴卷走而降落在月球上。实际上，作者并不想谈论科学，而是要批评他同时代的人把一些发生在遥远国度的难以置信的故事当作真实发生的事情。

17 世纪初，随着伽利略望远镜的发展，天文学开启了一个新时代，人们能够更准确地观察月亮和其他星星。此时，创立行星围绕太阳运动定律的天文学家约翰尼斯·开普勒（Johannes Kepler）写了《梦或月球天文学》，书中主角被恶魔送到了月球。这部作品的精妙之处在于开普勒巧妙地将当时的科学辩论融入故事中。从月球上观察星星的运动，可以让旅行者改变自己的视角：他们清楚地看到是地球围绕太阳旋转，而不是太阳围绕地球转。

这些太空之旅也为政治目的服务。无论是西哈诺·德·贝热拉克（Cyrano de Bergerac）的《月球上的国家和帝国喜剧史》（1655 年），还是伏尔泰的《微型巨人》（1752 年），太空旅行的剧情都是借外星国家或外星人之口批评现实中自己国家的好办法。这种间离效果后来被用于科幻文学中。

198 页 开普勒 -22 b 的合成图像，这是第一颗已知的在其恒星宜居带运行的行星。由开普勒望远镜拍摄（2011 年）。

201 页 这张图片来自"阿波罗 11 号"，展现了地球在月球地平线上升起的景象（1969 年）。

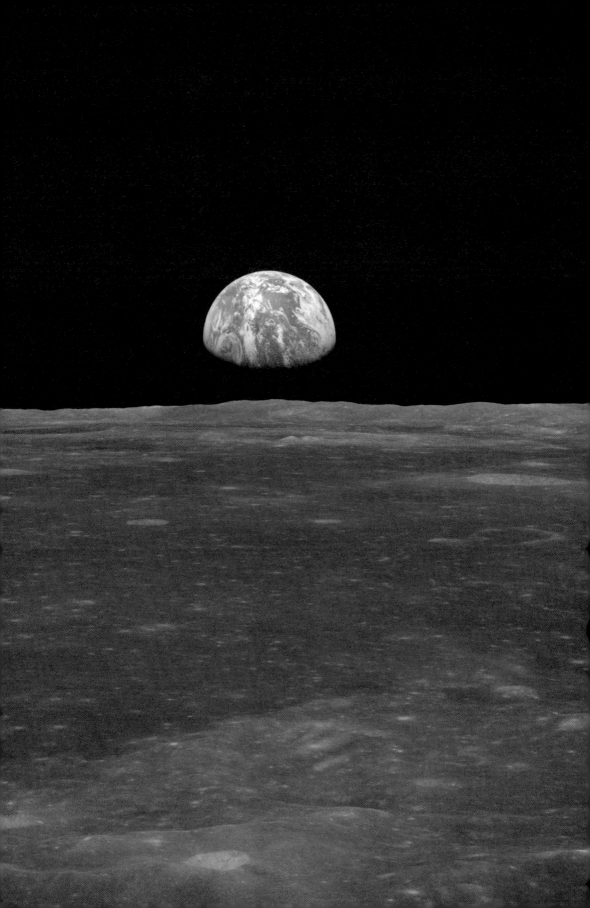

1969 年 7 月，美国宇航员尼尔·阿姆斯特朗（Neil Armstrong）
在登上阿波罗 11 号前检查他的通信系统。

太空竞赛

第一个真正提出太空旅行可行性的科学家是俄罗斯人康斯坦丁·齐奥尔科

夫斯基（Konstantin Tsiolkovski），他在 19 世纪末提出了喷气式火箭的原理。

虽然当时无法制造这样一个装置，但他仍然相信这是到达太空的最佳方案。而法国小说家儒勒·凡尔纳（Jules Verne）则把自己的想法写进了两部科幻作品——《天地之梦》（1895年）和《超越地球》（1920年）中。直到几年后，通过火箭专家赫尔曼·奥伯斯（Hermann Oberth）、罗伯特·戈达德（Robert Goddard）和罗伯特·埃斯诺-佩尔特里（Robert Esnault-Pelterie）的工作，这些想法才被付诸实践。

奥伯斯是第二次世界大战期间制造德国V2火箭的主要工程师之一沃纳·冯·布劳恩（Wernher von Braun）的老师，他还为德国导演弗里茨·朗（Fritz Lang）于1929年拍摄的科幻电影《月亮上的女人》担任了科学顾问。这部电影在科学上是如此逼真，以至于纳粹当局担心泄露德国科研机密而禁止放映。为了制造戏剧紧张效果，弗里茨·朗选择了在发射火箭前使用倒计时。从那之后，这种叙事效果就成为现实中每次发射火箭的惯例。

在二战最后几年，V2导弹展示了德国航天领域的潜力。和平刚一恢复，盟军就发起了"回形针行动"，从德国招募科学家。对美国来说，这是运送核弹最安全、最迅速和最高效的手段。另一边苏联也明白，可以将这些火箭送入太空：1957年10月4日，斯普特尼克1号卫星（Spoutnik 1）的发射产生了世界性的影响，标志着太空时代的开始。尽管与发射物体相比，苏联似乎对发射器本身的性能更感兴趣，但美国人还是担心苏联可能利用人造卫星从太空投掷核弹。

随之而来的挑战就是将人类送入太空，但必须先以动物进行试验，以确保生物能在发射中存活并留在轨道上。苏联的小狗莱卡（Laika）成为第一个尝试这一实验的生物，它乘坐的斯普特尼克2号的发射时间距斯普特尼克1号仅一个月。尽管莱卡在升空7小时后因强烈的压力和机舱冷却系统故障而死

1969 年 11 月，在第二次载人登月任务中，阿波罗 12 号宇航员
在收集月球岩石样本。

亡，但苏联对载人操作的可行性深信不疑：1961 年 4 月 12 日，尤里·加加

林（Iouri Gagarine）成为第一个登上太空的人。

　　冷战导致了一场狂热的太空竞赛，但很明显没有任何方法来完全确保宇航

员的安全。1969 年 7 月 20 日，第一颗卫星斯普特尼克 1 号进入太空仅过了

12 年，美国的阿波罗 11 号就在月球上着陆了。

返回月球的原因

　　这次力量展示过后，美国发展阿波罗计划的动力减弱，甚至美国航空航天局最初计划的阿波罗 17 至 20 号任务最终被取消。最终阿波罗 17 号还是于 1972 年年底发射，这是冷战时期最后一次将人类送上月球的太空任务。

　　时至今日，有哪些目标能够激励一个国家想要重返月球呢？其中最主要的是建立一个永久基地。国际空间站是目前最接近这一想法的形式：20 多年间，人们在太空中建造并维护它，为研究月球部署项目的可行性和技术限制提供了一个优秀的技术实验室。

　　从科学的角度来看，新的月球探险让我们有可能继续以前的任务，研究岩石并进行钻探，以探测月球内部。在技术方面，主要问题是能否利用月球材料直接在现场制造设备。这就可以降低从地球"进口"的需要，但为了确保基地能够正常运作，定期运送运输船和宇航员还是必要的。因此，这项事业的成功将部分取决于航天器的安全性和可靠性。过去几十年来，这一领域取得的进展让人们有可能开展这样的项目。

　　一些空间机构，如美国国家航空航天局和中国国家航天局，已经开始考虑建立月球基地。欧洲方面，欧洲航天局正致力于月球村项目，这是一个向所有国家开放的永久性基地，特别是那些目前无法独立进入太空的国家：他们将在这种国际合作中找到自己的位置。

大量技术限制

为了在月球上建立基地，需要克服的第一个技术制约是如何将大型物体送入太空。火箭内部包含的质量越大，就需要更多能量来摆脱地球引力。因此，最好的策略是尽可能降低探险队的有效荷载。这可以通过只发送启动月球基地的最低限度的所需品来实现：先建造一个使用期限最短的临时基地，但要保证在此期间人们能够回收和开采足够的月球材料来建立一个永久基地。

这种潜在的可开发的原材料是月岩，即覆盖在月球土壤上的岩石碎片和灰尘层。利用此前任务带回的样品，科学家们正尝试尽可能地了解月岩的机械和化学特性，以便设计一种用于建造永久性结构的"月球混凝土"。然而这个过程并不容易，因为地球上的混凝土需要水和水泥，这两种成分在月球上并不存在。欧洲航天局甚至正在考虑使用3D打印技术，用这种月球混凝土制作结构件。

此外，月球基地可能需要由相对较轻的结构组成，半埋在地下，用月球材料覆盖。与我们的星球不同，月球没有大气层和磁场保护它免受太空中的高能量辐射。因此，将基地的一部分掩埋起来，并在上面覆盖几层保护层，将是减少基地居民受到宇宙辐射的一个好办法。

基地生活

首先，月球基地内应该尽可能保证人们舒适和正常地生活。在没有外部大气的情况下，进入基地将通过一个加压气闸，以便人们脱下防护服。与国际空

国际空间站

    国际空间站（ISS）建于 1998 年，这是一个位于环绕地球的低轨道上的空间站，高度约为 400 千米。它是五个空间机构合作的结果：美国、俄罗斯、欧洲、加拿大和日本。国际空间站允许在低重力条件下进行科学实验，特别是研究人类生理学的演变，以便为长期太空旅行做准备。该站长期由六个人组成，每个人在空间站待六个月左右，以避免产生身体上的不适。然而，与成本更低的太阳系探测器相比，其科学收益经常被认为过于低下，如今国际空间站仍然受到批评。

间站不同的是，国际空间站的低重力使宇航员可以飘浮在空中，而且向上或向下的概念不再有意义（这意味着能在所有墙壁上安装设备，包括"天花板"），而月球情况则不同，月球上的重力比地球上要小六倍，在不可能在地面基地安装人工重力的情况下，月球基地的结构组织仍然要尽量与地球基地保持一致。

    其次，还必须有足够氧气保证自由呼吸。在这个问题上，从国际空间站的运行中获得的经验是至关重要的，月球基地可以使用同样的方法来生产氧气。这涉及利用萨巴蒂尔反应（以其研究者法国化学家 Paul Sabatier 命名）回收宇航员呼出的二氧化碳。这些二氧化碳与氢气反应产生甲烷，可用作燃料，就像煤气和水可在食品供应中被消耗或通过电解转换回来。这一步骤可以带来双重好处：它不仅产生预期的氧气，还产生可以重新用于初始反应的氢气。因此，只需要从地球上带来少量氢气就可以启动机器，其余的物质将由反应本身产生。

国际空间站经过佛罗里达州上空的合成图像（1998年）。

此外，由于氢气占用的存储空间较小，比氧气更适合运输。然而，萨巴蒂尔反应有一些缺点：必须使用特殊的催化剂，这不得不从地球上带来，而且还需要一个能量源。

再次，就像在国际空间站一样，月球基地有必要储存食物，至少要供应最开始的阶段，最好可以在月球基地直接种植食物。

最后一个问题是如何在地球和月球之间建立永久联系。虽然一些空间机构将承担建立月球基地的成本和风险，但供应链的管理将有可能被委托给私营企业，如埃隆·马斯克（Elon Musk）的 SpaceX 或亚马逊创始人杰夫·贝佐斯（Jeff Bezos）的蓝色起源（Blue Origin）。近年来这些公司一直努力将自己定位为太空领域中值得信赖的参与者。

地点的选择

月球基地的选址是项目成功的关键因素之一。第一个标准是能在附近找到水。虽然月球上没有液态水，但它的岩浆有时会含有固态水，尤其是在月球两极。在运输车可达范围内有水源的地方建立一个基地，这将更易于开发。

阳光也是一个重要的参数，因为空间探测器通常通过太阳能电池板获得能源。另外，是否有必要像《丁丁历险记·月球篇》那样，在月球可见面的中心降落？这样的位置还有一个好处，那就是便于与地球进行沟通，因为从我们的星球上总是可以看到这个基地。然而从太阳能的角度来看，这个位置不一定是个好的选择。一个月球日约等于 27 个地球日，因此这里的黑暗会持续 14 天左右，这对太阳能电池十分不利。

在地球上，当太阳位于地平线上时，太阳能电池板的效率就会下降，因为地球的大气层会散射相当一部分辐射。而在月球上，太阳在天空中的位置并不重要：在没有大气层的情况下，只要太阳能电池板与太阳光线保持垂直，就能捕获相同数量的辐射。同时，月球基地将需要具备良好的隔热性能，以防内部温度过高，还可以减小透过墙壁的能量损失。

这些技术和生存方面的考虑，将会引导基地位置的选择，也将对科学工作产生影响。研究人员无法探索整个月球表面，因为他们会受到车辆自动行驶的限制。不过动力无人机可以覆盖基地周围几十千米的更大范围，并提供一些有趣的观察和地质样本。

DSCOVR 人造卫星上的一台相机捕捉到了月球在太阳和地球之间移动时的"阴暗面"（2015 年）。

宇宙射线

"宇宙射线"一词是指来自星际介质的各种高能量亚原子粒子，主要是氢核，但也有氦核，甚至更重的化学元素。每天都有几十亿个这样的粒子轰击地球。这种辐射是在 20 世纪初发现的，特别是奥地利物理学家维克托·赫斯（Victor Hess），他在一次热气球飞行中观察到地球大气层在高空比在地面上更容易电离。赫斯随后推断，强大的辐射直接来自太空。当这股粒子流撞击地球时，它与大气层中的分子相撞，产生了二次粒子簇射。另一边，太空中没有天然的防护罩来减缓或偏转这些粒子。在没有充分保护的情况下暴露在这种辐射下，对太空旅行者的健康和电子设备来说是一种灾难。因此后来人们发现，宇航员在月球任务中遭受的视觉干扰是因为宇宙射线对他们的眼睛造成了辐射。

我们的最终目的是在基地现场制造尽可能多的物质要素。特别是考虑到月球的逃逸速度（见第 72 页）低于地球的逃逸速度，这样我们就有可能从月球发送探测器。

替代方案：轨道基地

如果不能建立地面基地，是否能建立一个部署和运行成本低于国际空间站的轨道基地？离开地球去一个轨道基地不会比登上国际空间站复杂太多，除了旅程更长，风险更大。

212~213 页　2020 年 5 月 30 日，美国宇航局在佛罗里达州的肯尼迪航天中心向国际空间站发射 Space X 猎鹰 9 火箭，搭载了"龙"号飞船和两名宇航员。

　　这种类型的空间站将比地面装置的花费更低，同时还能允许宇航员定期进入月球。一个重要的优势是，轨道基地有可能下降或再上升到月球上的任何一点，因此在探索能力上受到的限制较少。然而，这需要一个合适的交通工具，如阿波罗任务中宇航员使用的登月模块（LEM），使宇航员能往返于月球轨道和月球表面。这种具有科学意义的替代方案甚至可以为一个更具雄心的月球基地建设计划做好准备工作的第一步。

本篇总结：月球基地的前景

　　在月球上建立基地是一个比国际空间站大得多的项目，财政成本很高，需要国际合作完成。这些障碍与其说是技术上的，不如说是政治和经济上的。这种技术已经存在，或者说可以在几十年内开发出来。为实现这个项目，各利益相关方必须使议程趋于一致，并显示出共同的雄心，特别要考虑到维护月球基地需要持续提供后勤和资金。因此，今天很难预测什么时候才能建成月球基地。

　　在等待所有这些前期讨论完成的同时，科学家们正在继续思考和设计最佳解决方案，以确保在项目确定之日提出实操上的可行计划。

建立火星基地

　　继月球之后，下一个选项是火星！这颗红色星球自然是太空基地名单上的第二名。尽管人们对于火星普遍具有热情，但这个项目仍是一个不太充分的想法，比建设月球基地更加复杂。造成这种困境的第一个原因是距离：我们和火星之间相距几千万千米。

215 页　下午时分的火星"奋斗撞击坑"，由 MRO 拍摄（2012 年）。

艰难的旅程

在这样的距离下，去火星的旅程比去月球要长得多：至少六个月，而不是三天。在太空中度过的时间越长，人类受到的生理影响就越大，特别是肌肉损耗和宇宙射线的影响。因此，与法国宇航员托马斯·佩斯凯（Thomas Pesquet）在国际空间站上度过几个月失重期相比，三天的月球返回之旅对健康的影响可能更小，这和通常人们所认为的正相反。

但是，让我们先忽略这点……假设这次旅行对宇航员的健康尽可能没有创伤，毕竟当他们到达目的地时，他们能依靠的只有自己。一旦登上火星，首先，要做的是设法独立走出航天器。我们曾看到过从国际空间站返回的宇航员无法自己打开太空舱门，可见出舱这一步并不容易。其次，他们将不得不适应火星的重力（只有地球重力的 38%）。该怎么解决人体适应力的受限问题？一种方法是为航天器配备一个人工重力系统。人们早就研究出了这一原理，并在电影《2001：太空漫游》（1968 年斯坦利·库布里克执导的电影）和《星际穿越》等科幻故事中经常使用，这些太空舱绕中央轴旋转，便可以产生离心力。宇航员把双脚放在内壁上，离心力产生的效果类似于地球表面的身体所感受到的重力。最后，航天器还需要大量的屏蔽装置，因为它将不断受到宇宙射线的轰击，比在国际空间站的简单停留或从地球到月球的旅行要强烈得多。

但是，既然我们只用了 10 年时间就登上了月球，为什么 40 年过后，我们还没有成功登上火星？主要是因为这项任务更难完成。如果准备在火星上停留一年，考虑到单程旅行就要 6 个月，那么宇航员在太空中的时间将不少于 2 年。

虽然从人的生存情况和心理状况来看，航天器的 6 个月密闭旅程看起来和在南极站中的生活很类似，但事实上完全不一样。空气和水在南极洲不难找到，而在太空中，这是两种稀有物品。

因此人们必须带着尽可能多的设备和食物离开。考虑到去程和返程时间较长，一切都要做好预案，以免出现大问题。可以肯定的是，必须要提前发射部分有效荷载：从耗能角度看，一次性发送所有东西成本太高。此外，先前任务中的机器人需要尽可能地进行预先安装，毕竟宇航员在到达时已经有很多工作要做，这可以让他们有时间恢复旅途中的肌肉消耗：飞行期间宇航员进行的身体锻炼是远远不够的。国际空间站的经验再次说明了问题：尽管宇航员在飞船上每天要进行两个小时的运动，但当他们回到地面时，他们的身体机能也确实受到影响。

宇航员的选择

除了技术问题之外，还有一个问题，那就是派谁去参加这样一个漫长的探险？选择标准又是什么？个人能力自然是关键因素，需要确保每个船员都是多面手，受过高等教育和专业培训。在这样一个漫长的任务中，性需求问题也不容忽视，如果妥善解决，宇航员可以从中受益，否则也会产生有害影响。然而这仍然是个禁忌问题，至少没有被公开讨论，不过航天机构的内部肯定会进行研究。

此外，选择标准还要确保团体内部没有分歧。为此我们已经在地球上进行了实验，重现火星任务的条件以研究队员内部关系的演变。例如，2009 年至2011 年进行的 Mars500 实验里，两组宇航员被隔离在地球上的设施中，模

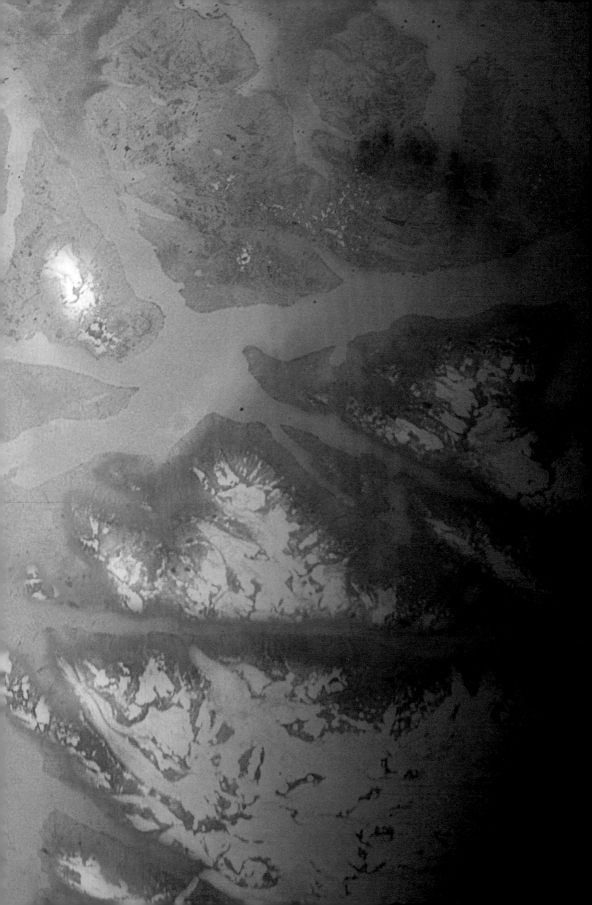

MRO 围绕火星运行的合成图像
（2005 年）。

拟航天器上和基地上的生活，时间分别为 105 天和 520 天。然而，这种方式有一个明显的缺陷：参与者知道他们某一天会离开实验并回归正常生活，因此愿意忍受这些摩擦和约束，但在星际旅行的真实条件下可能无法接受。

勘探战略

鉴于火星与地球的距离限制了定期往返的可能性，因此在火星上的活动更应该专注于科学研究，而不是建立一个技术产业。然而为了生产宇航员所需要的东西，在火星基地上拥有制造能力将是至关重要的一步。而这种能力我们可以从此前月球探索的经验中获得。

火星的缺点是它的浩瀚无边。并不是说这个星球很大——它只有地球一半大小，但是火星上没有海洋，相当于表面是整块陆地。因此要探索的东西有很多，仅在某一个地方建立基地是不够的。尽管如此，如果将来人类专家能来到火星现场，这会优于机器人的工作，因此这项行动值得一试。虽然火星上的探索范围受限，但科学家可以获得大量的地质信息。火星车只能覆盖大约 40 千米的范围，不过当人类走过同样的距离，他可能会了解更多关于这个星球的地质甚至生化演变的情况。

那么是否必须登陆火星表面才能做这件事？另一个解决方案是将宇航员送到火星的一个轨道基地上，操控火星表面上的漫游车工作。从火星轨道上操作飞行器将比从地球上操作要有效得多，因为无线电通信只需要几毫秒而不是几分钟。而且对人类来说，留在轨道上比试图下降到地面上要安全得多。

事实上，人们对月球和火星的科学动机是完全不同的。对于月球，我们的兴趣主要是研究它的地质学，特别是想要了解月球和地球的形成及其相互作

两个旅行方案

太空旅行是一门精确的艺术：从一个运动中的星球出发，降落在另一个运动的星球上，然后返回起点，这并不容易。幸运的是，根据可靠的引力定律，我们有可能计算出这些行星的精确轨道，并研究出太空旅行的最佳方式。对于火星来说，有两种情况比较突出。第一种情况是"火星冲日"。这时旅程的总时长为 640 天，包括在行星位置最佳的时候进行 180 天的外游，然后在火星上停留 30 天，再进行复杂的 430 天回程之旅。返回地球确实比较困难，因为行星此时并非处于有利位置，需要利用金星的引力协助，使航天器像弹弓一样被弹射回地球。第二种情况是"火星合日"，旅行全程要持续 910 天。去程保持 180 天不变，我们仍需要等待合适的时机，尽量减少能量消耗。另外，在火星上的停留时间延长至 550 天，这样返程就可以使用和去程相同的轨道，仅需要 180 天。

用。对于火星来说，鉴于火星表面曾经存在过水，人们非常想要寻找过去生命的痕迹。因此火星探索的科学前景远远大于月球探索的前景。

离开火星

在月球上着陆（登月）是一个相对顺利的过程：月球没有大气层，无法使航天器减速，不需要使用隔热罩。而且这个天然卫星上的重力很弱，只有依靠航天器的制动火箭才有可能减缓下降速度。相比之下，重返地球是很复杂的：

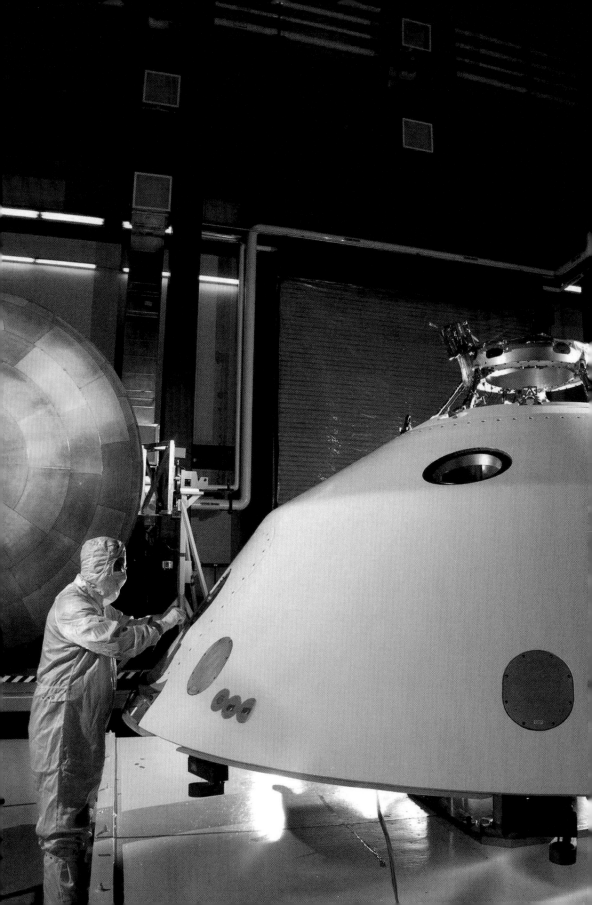

如果不想被大气层弹开或最终被烧毁，必须找到正确的再入角，不过一旦找到正确的轨迹，摩擦力就足以使飞船减速，以打开降落伞平稳落地。

不幸的是，火星介于这两种情况之间，而且兼具这两种情况的所有缺点。火星大气层无论多稀薄，都起着一定的作用，所以降落火星的轨迹有一个精确的角度。此外，火星大气层的厚度不能提供足够的减速，航天器还必须依靠自己的制动火箭降落。

但好处是，火星的低重力将为重新发射提供便利，因为对于同样的载重量，从火星发射进入太空要比从地球发射消耗更少的能量。

本篇总结：在本世纪末之前能否在火星建立基地？

实施基地任务需要满足两个先决条件。第一个先决条件是，至少要先在近太空范围内取得成功，即地球和月球之间。建立火星基地的构件与建立月球基地的构件基本相同。因此，如果能在月球上建立一个基地，就可以保证我们能完美地掌握相关技术。

第二个先决条件是能在太空中使用大量能源。目前的太阳能电池板还无法提供足够的电力。如今看来，我们不可避免地要重新考虑使用核能，还要考虑到由此带来的所有问题。

222 页 在"火星 2020"任务中，隔热罩（左）和后壳（右）可以保护漫游车在太空中巡游，以及在火星的高温大气中安全下降。

星际旅行能实现吗？

虽然大部分人还没有去过宇宙，但许多星际探测器已经去过那里。有些甚至已经到达了太阳系的外围，比如两个"旅行者号"探测器，它们最初的任务是观察木星和土星，但最终远远超出了既定的旅程，走向星际介质。这些探测器于 1977 年发射，是目前人类发送的离地球最远的物体。

225 页 这张来自钱德拉 X 射线天文台和斯皮策望远镜的合成图像展示了银河系中一个成形的星云仙王座 B （Cepheus B）。

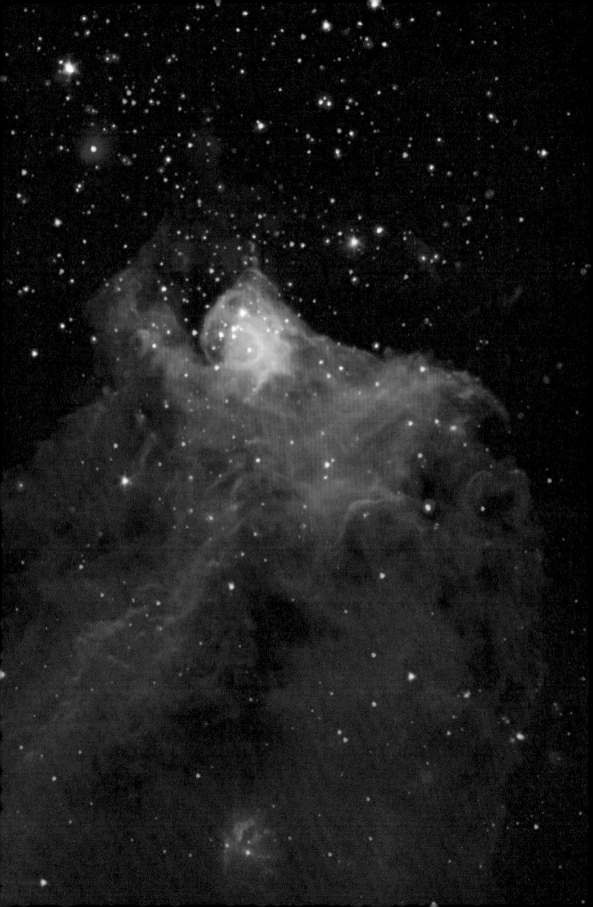

选择合适的推进系统

除了在发射过程中获得的速度和巨行星的引力帮助外，"旅行者号"探测器没有自主推进力。目前，它们的最终速度已达到每秒 15 千米，以这个速度，如果要去往最近的恒星，需要 75000 年才能到达。任何空间旅行的决定性因素都是可用的能量。虽然太阳能电池板可以供能，但距离越远，接收到的光线就越少。因此最好有一个内部能源为机载仪器提供动力。"旅行者号"探测器有一个放射性同位素热电发生机（RTG），包含一个钚块，其放射性热量可以被转化为电流。多年来，RTG 效率有所下降，但仍有足够动力让"旅行者号"向地球发送信息。

前往半人马座阿尔法星需要多少能量？假设一艘飞船能以光速飞行，需要四年多的时间才能到达。即使是光速的 1/10，也需要 50 年时间，非常不现实。况且最新的探测器在没有自主推进的情况下速度为每秒 30 千米，比光速的 1/10 还要慢 1000 倍。

为了探索一个新的恒星系统，航天器将需要携带各种探测器，一个自给自足的动力源 GTR 或核反应堆，还需要一个无线电通信天线。驱动带有这些有效荷载的航天器所需的能量，也被称为"比动能"，相当于全人类一年所消耗的能量，因此选择怎样的推进系统是个大问题。

虽然如今火箭的化学推进器可以提供非常大的推力，但在很短的时间内会消耗大量燃料，不适合长时间的太空飞行。而离子推进器是给带电粒子加速，以非常高的速度将它们喷射出去，尽管每秒钟只有少量的粒子被喷出，提供的推力不大，但却是持续的。这项技术已经投入使用，特别是"黎明号"探测器，它已经探索了太阳系两个最大的小行星——谷神星和灶神星。然而，这种类型的发动机带来了两个问题。第一，必须随身携带所有的推进气体，通常是一种稀有气体，如氙气。第二，需要能量来驱动发动机。非载人的"黎明号"探测器使用的是太阳能电池板，那么载人的行星际飞船将需要更强大的动力来源，更不用说星际飞船。

与火星之旅不同，对于星际飞船的推动器，似乎更难想象使用核裂变。不仅要把整个反应堆带上，还要能够定期更换核反应堆的堆芯。按照目前的设计，这些堆芯的寿命只有 18 个月。核聚变反应堆是唯一能够提供足够集中且丰富的能源以保证必要推进力的反应堆，但我们还远未能掌握这项技术。位于法国卡达拉舍 (Cadarache) 的国际热核聚变实验堆（ITER）将展示核聚变在工业方面的用途和能力，但目前这一国际合作项目仍仅处于建设中。

航天器需要大量的能量来加速和移动，同时也必须能在到达时减速。因此，有必要配备一个可以自主开闭的引擎，或两个运行方向相反的引擎，其中一个起制动作用。

确定太阳系的边界

当谈到太阳系的"边界"时，其实很难将太阳系与宇宙的其他部分分开，因为这个定义取决于我们正在看的东西。第一个能看到的边界是日球层顶，这是日光层的表面边界，这是一个由太阳风（即太阳发射的粒子流）吹胀的气泡状区域。日球层顶标志着从以太阳风成分为主的内部介质向以星际空间成分为主的外部介质的过渡。

遥远的距离

由于太阳系浩瀚无穷，距离通常以天文单位（AU）来计算。一个 AU 是地球到太阳的距离，或大约 1.5 亿千米。

	类型	与地球的最近距离	以光速跨越与地球最近距离的用时
月球 地球的天然卫星	天体	356000 千米 （0.002 AU）	1.2 秒
火星 太阳系第四颗行星	岩质行星	5600 万千米 （0.37 AU）	3 分 5 秒
海王星 太阳系第八颗 （最后一颗）行星	气态行星	43.5 亿千米 （29 AU）	4 小时
柯伊伯带	天体和矮行星 （包括冥王星）	30~55 AU	4~8 小时
"旅行者号"探测器	太空探测器	120 AU （"旅行者2号"） ~ 140 AU （"旅行者1号"）	17~19 小时
奥尔特云	环绕太阳轨道上的小型冰冻天体，其运行轨道有时受另一个恒星影响，使其偏向太阳系中心运行，成为只会经过太阳一次的彗星	20000 AU	116 天
南门二 （半人马座 α） （距太阳系最近的恒星系统）	三颗恒星和至少一颗行星组成的系统	约 275000 AU	约 4.5 年

229 页 天鹅座货物运输飞船拥有高功率推进器和 2 个太阳能电池板，运输材料超过 4 吨，为国际空间站的再补给做出了贡献（2019 年）。

但是还有第二条边界，它界定了太阳引力影响区，即太阳吸引力仍然比附近的恒星吸引力大的空间区域。太阳引力影响区范围更大，第二条边界估计在10 万 AU（天文单位），在奥尔特云的外缘，即太阳系形成后原太阳星云的残余部分。

太阳帆和突破摄星计划

为了解决这些问题，人们正在进行一些研究项目试图提出新的推进技术。太阳帆概念利用了辐射压力，即当光子撞击表面时产生的压力。辐射压力一般很低：在大气层外，面积为 1 平方千米的镜面受到的辐射压力相当于 1 千克的重量。然而，如果航天器的质量很低，在几克左右，理论上有可能推动它以1/10 光速发射。

在霍金等著名科学家的支持下，俄罗斯亿万富翁尤里·米尔纳（Iouri Milner）于 2016 年年初启动了"突破射星"项目，设想从地球发射一束比太阳光更强大、更集中的激光来推动这样一个航天器。然而，也有一些实际问题。特别是需要一个功率为 100 千兆瓦的激光器，相当于 100 个核反应堆的能量。而这个激光器必须能通过大气层连续发射的数分钟的脉冲。一旦探测器被加速并发射到轨道上，它将迅速离开激光器的范围，并继续以弹道飞行的方式按原方向前进，即没有主动推进力。

下一步该怎么做？要到达半人马座阿尔法星，必须瞄准方向。宇宙中的星星不是一成不变的，要预测 50 年后目标的所处位置。对月球来说也是如此：发射器不会直接瞄准月球，而是偏一点，这样到达时，月球也已经移动到了正确的位置。对于半人马座阿尔法星来说，由于距离较远，射击的准确性要精细得多。除非有奇迹出现，否则很难想象我们如何能够在没有辅助系统的情况下操纵探测器，而这无疑会增加设备的质量。况且，如果我们想要从这个新的恒星系统接收到科学上确切的信息，探测器必须携带最低限度的设备，这将再次增加总质量。最后，考虑到距离，探测器必须有足够的能力确保无线电信号的持续可探测性。

因此，很难将以上所有东西装入一个仅有几克重的空间探测器。虽然目前来看，把太阳帆送到半人马座阿尔法星的想法还有待商榷，但对探测太阳系内部来说，这是对新推进系统的一次有趣的尝试。

人工重力

人工重力系统对火星来说是可行的，它正成为载人星际旅行不可或缺的配置。然而，这种技术从未在现实生活中进行过测试。2011 年，美国国家航空航天局设想了一种带有旋转乘客舱的车辆 *Nautilus X*，但该项目仍处于样机阶段。他们还考虑在国际空间站安装一个 *Nautilus X* 样机，既为了检查这种系统的可行性，也是为了让宇航员能在人工重力下睡觉。

这些系统运作的理论方面已经研究充分，概念上没有任何问题。之所以还没有被付诸实践，要么是因为实施起来不那么简单，要么是因为对当前的载人飞行任务来说被认为非必要。

232~233 页　里克·吉迪斯（Rick Guidice）于 1976 年创作的伯纳尔球体太空舱插图，这是一种太空中长期住房的模型（住宅区位于中央球体）。

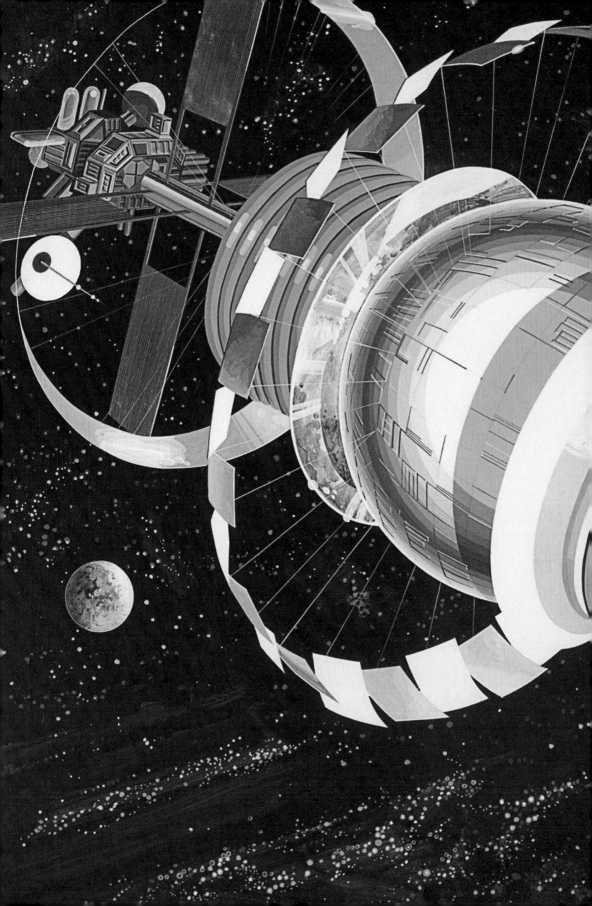

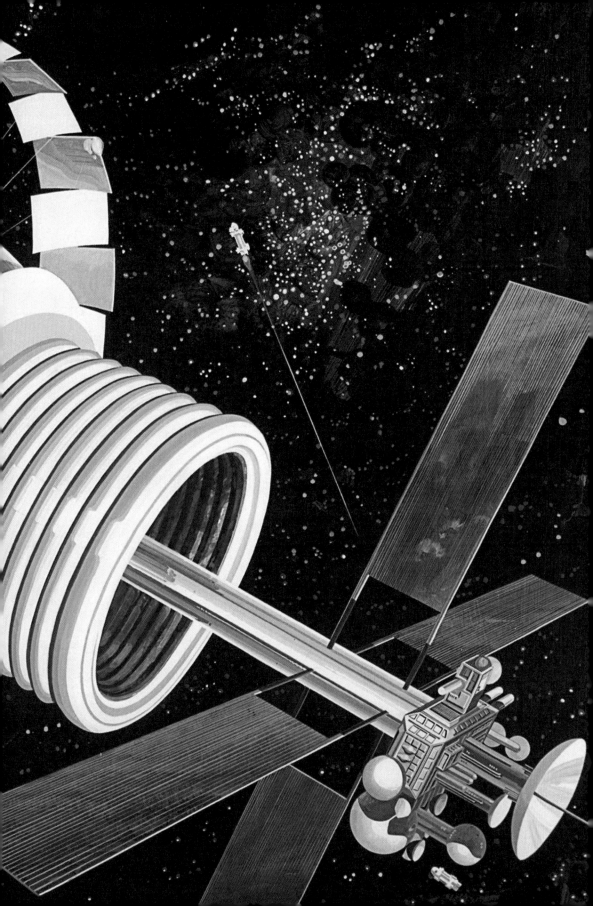

飞船旋转是产生人工重力的唯一途径吗？这一构想并不是根据广义相对论的基础原则"等效原理"产生的。根据这一原则，重力和加速度之间存在着局部等价关系。换句话说，如果我们在一个看不到外面的封闭房间里，而能感觉到自己的重量，是没有办法知道是自己在地球上还是在一艘加速度正好等于 1g 的航天器里——其中 g 是地球重力的值。那么我们是否可以想象在一个不断加速的航天器里，宇航员还能感受到人工重力？在实践中，1g 的加速度是很难达到的，因为发射的航天器必须达到一定的质量和速度要求。此外，要保持这种加速度不变是很复杂的，这需要消耗大量能量。因此，一个旋转的航天器系统要简单得多。

从科幻小说到现实

许多科幻电影和小说都描绘了性能各异、现实性强的宇宙飞船。它们是带领人类超越太阳系的飞船的灵感来源吗？

在詹姆斯·卡梅隆（James Cameron）的电影《阿凡达》（2009 年）中，星际飞船"创业之星"在短短不到 6 年的时间内从地球到达位于半人马座阿尔法星系的潘多拉。首先，这意味着这艘飞船的移动速度达到了令人震惊的光速的 2/3。即使有这样的能力，创业之星也要通过一个旋转轮产生人工重力。虽然超出了我们目前的技术范围，但从科学角度看，创业之星的设定逻辑严密、比较可靠。

电影《2001 太空漫游》中的飞船是一艘长船，前面有一个球体。创业之星上旋转的平衡器清晰可见，而《2001 太空漫游》的飞船通过球体内部旋转以产生重力。飞船的长度保证了核反应堆远离生活区，以防对船员产生危

无燃料引擎EmDrive：
虚假的希望？

EmDrive（全称为 *Electromagnetic Drive*），即相对性推进器，是英国工程师罗杰·肖威尔（Roger Shawyer）在 21 世纪初提出的一个原型发动机，其工作方式是将微波送入一个封闭的不对称空腔。根据肖威尔的说法，腔体的特殊形状将沿某个方向产生推力，而另一个方向上会因此产生运动。EmDrive 的问题是，它违反了物理学的一个基本原则：动量守恒。这也是火箭起飞时遵循的定律：向下的高速喷射才能推动火箭向上飞行。当然，如果人们选择在 EmDrive 的腔体上钻一个孔，流出的光将产生一个非常小的推力，并使电机运动起来。但由于没有任何东西可以离开空腔，力学定律决定了没有任何东西可以移动。因此，在 EmDrive 测试中观察到的轻微推力，以及随后媒体震惊的报道，这一切可能更多的是实验误差的结果，而与可应用于太空飞行的任何实际物理效应无关。

险。2015 年雷德利·斯科特（Ridley Scott）的电影《火星救援》也使用了这种远程反应器的架构。只要这种飞船的尺寸更接近创业之星，它们就可以完美地适应星际旅行。在创业之星上，与船员的生活区相比，设有发动机的能源区所占面积更大：这是真正的飞船应该有的那种比例。另外，电影《星际穿越》的航天器虽然确实有一个旋转轮，但它似乎没有足够的供能系统来保证快速前往土星。

曲速引擎

在广义相对论中，时空的几何形状不是固定的，而是随着大质量物体的存在而发生变化。曲速引擎的概念不是通过改进推进器来进行远距离旅行，而是扭曲空间把目的地"拉近"。根据时间＝距离／速度的经典定律，在距离大大减少的情况下，即使以中等速度行驶，航天器也能在较短的时间内完成旅程。

墨西哥理论物理学家米给尔·阿库别瑞（Miguel Alcubierre）已经确定了爱因斯坦方程的一个解，与曲速引擎会产生的结果相似。在某种程度上，这相当于把人们前面的空间"掏空"，同时在后面"打气"，以推动前进。然而，俄罗斯研究员谢尔盖·克拉斯尼科夫（Sergei Krasnikov）指出，这并不是一个令人满意的解决方案，因为这种机制一旦被启动，似乎就不可能停止。

虽然正在考虑理论上的可能性，但实际执行起来要复杂得多。事实上，为了在容器前面挖井，人们必须能够操纵非常密集的物质，通常是一个质量与地球相当、半径为几毫米的黑洞。此外，要想在后面产生隆起，就必须操纵负质量的物质，而这是不为人知的。

236~237 页 "旅行者 1 号"航天器进入星际空间（等离子体或电离气体）的合成图像（2013 年），该空间由数百万年前恒星死亡时喷射形成。

空间旅行和时间相对论

自从爱因斯坦提出相对论以来，时间被认为是观察者的一个属性：两个相对运动的人在测量两个给定事件之间的时间时得出的结果是不同的。相对论的这种特殊性常常通过郎之万的双生子佯谬来说明。一对双胞胎在某一瞬间分开，第一个人留在地球上，第二个人乘坐火箭以接近光速的速度在太空中旅行并返回地球。对于太空旅行者来说，旅行用时比地球上的兄弟所测量的时间短，所以返回后，这对双胞胎不再是同龄人了。

人在航天器中和在地球上，对时间的感知有什么不同？从地球上看，如果一艘宇宙飞船以 1/10 的光速飞行，需要 50 年才能到达半人马座阿尔法星。对于船上的乘客来说，他们的旅行速度与光速相比不再是可以完全忽略不计的，感知到的时间会更少。以《阿凡达》的创业之星而言，从地球来看这次旅程需要 7 年多一点（而从飞船上来看不到 6 年）的时间。

为了使差异更加明显，例如达到 1：10 的比例，飞船必须以超过光速 99.5% 的速度行驶。这是无法想象的，因为这将消耗巨大能量。

本篇总结：我们是否能在本世纪末之前离开太阳系？

自太空时代开始以来，航天能力已经大大提升，如今发送一个能在未来 40 年内追上甚至超过"旅行者 2 号"的航天器是没有问题的，并且它不需要核动力推进。

虽然技术性能至关重要，但科学相关性也是一个同样重要的因素。一个项目要想成功，必须得到大批科学家的支持，对火星或其他行星的探索就是如此。现在我们对星际介质的研究还没有得到充分推动，因此还没有开展针对这一方面的空间任务。

我们是否有希望把航天器送到半人马座阿尔法星？与现有的推进能力相比，这种航天器的有效荷载仍然太高。至少需要一场能源生产方式的革命才能继续对深空的探索：我们需要摆脱化石燃料的限制，掌握地球上和太空中的热核聚变技术。在本世纪结束前，这个目标可能难以实现。

作者介绍
LES CONTRIBUTEURS

⊘ 作者

尼古拉斯·马丁（Nicolas Martin）是法国文化广播电台的每日科普节目《科学方法》的制作人。他还制作了《清晰的想法》节目，这是以科学报道揭露假消息的周播节目。他还在电影行业从事编剧和导演的工作，并作为评论家参加了法国 Canal+ 电视台的《电影圈》节目。

马修·勒弗朗索瓦（Matthieu Lefrançois）拥有物理学博士学位，自 2017 年以来一直是一名科学记者。他曾为电台、纸媒以及 Planète+ 电视频道的系列纪录片《灰色物质》工作。他曾是法国文化节目《科学方法》的定期合作者，现在负责《青少年科学与生活》杂志的物理学和天体物理学等学科的相关工作。

⊘ 序言作者

卡洛·罗韦利（Carlo Rovelli）是一位理论物理学家，曾在意大利、美国和法国工作。他目前是艾克斯－马赛大学理论物理中心量子引力研究小组主任。作为知名的圈量子引力理论的创始人之一，他提出了量子力学的关系性解释，以及对物理时间的性质的研究。卡洛·罗韦利出版的大众书籍已被翻译成 40 多种语言。他是法国大学研究所和国际科学哲学院的成员，《外交政策》杂志认为他是世界上最有影响力的 100 名知识分子之一。

已出版的书籍：面向大众的国际畅销书《时间的秩序》（弗拉马里昂出版社，2017 年）和《物理学的七节简要课程》（Odile Jacob 出版社，2014 年）；文章集《流浪的文字》（弗拉马里昂出版社，2019 年）；主要论著有《共变圈量子引力》（剑桥大学出版社，2014 年）、《量子引力》（剑桥大学出版社，2004 年）。

✦ 《我们在宇宙中是孤单的存在吗？》作者

弗朗索瓦·福盖特（François Forget）是一位行星科学家，专门探索太阳系。他是法国科学院院士，曾在美国航空航天局工作多年，目前是法国国家科学研究中心（CNRS）皮埃尔－西蒙－拉普拉斯研究所的主任。他的研究重点是太阳系中其他区域以及其他恒星周围的气候。他参与了欧洲航天局的"火星快车号"、*ExoMars* 等任务和美国国家航空航天局的火星侦察卫星、InSight 和"新视野号"等任务。他对太阳系和太阳系外行星的气候进行建模，对地球预测气候变化的数字模拟器进行调整，以应用到这些宇宙空间。除了深入了解宇宙之外，他的工作还提供了地球本身的信息，有助于我们了解其他地方存在生命的可能性。

福盖特最近与 R. M. 哈伯勒（R. M. Haberle）、R. 托德·克兰西（，R. Todd Clancy）等人合作，出版了《火星的大气和气候》（剑桥大学出版社，2017 年）；与 A. 布拉希克（A. Brahic）、T. 恩克雷纳兹（Encrenaz）等人合作出版了《太阳系与行星》（Ellipses 出版社，2009 年）；与 F. 克斯达尔（F. Costard）和 P. 罗涅内（P. Lognonné）合作出版了《火星：另一个世界的历史》（Belin 出版社，2006 年）。

✦ 《黑洞的本质是什么？》作者

阿兰·莱阿祖罗（Alain Riazuelo）是法国国家科学研究院（CNRS）巴黎天体物理研究中心（索邦大学）的研究员，也是普朗克空间望远镜项目成员，目的是精确测量宇宙发出的最古老的辐射。他的研究领域是原初宇宙学和黑洞。

　　莱阿祖罗在专业媒体和大众媒体上发表过许多文章，并在 2008 年与《科学与未来》杂志合作拍摄了一部纪录片，名为《漫游黑洞中心》。出版书籍包括《为什么地球是圆的》（humenSciences 出版社，2019 年）、《黑洞：追寻不可见的天体》（Vuibert 出版社，2016 年）。

🪐 《我们会回到宇宙大爆炸吗？》作者

　　桑德琳娜·柯蒂斯（Sandrine Codis）是巴黎天体物理研究所的一名天体物理学家。她的工作重点是与宇宙学和星系形成有关的大尺度的宇宙理论模型。她是欧几里得任务的成员，这是欧洲航天局的一项空间望远镜任务，旨在绘制宇宙中暗物质的地图，并确定暗能量的特征，而暗能量是宇宙膨胀加速的原因。

　　柯蒂斯与 D. 伯格西安 (D. Pogosyan) 和 C. 皮雄 (C. Pichon) 合作发表了《在宇宙连接网之上：宇宙学和星系形成的理论和意义》（《皇家天文学会月刊（MNRAS）》，479/1, 2018, pp.973-993）；与 C. 皮雄（C. Pichon）、F. 贝纳多 (F. Bernardeau)、C. 乌勒曼 (C. Uhlemann) 和 S. 普鲁奈特 (S. Prunet) 共同发表了《环绕黑暗：通过球体中的宇宙密度制约暗能量》（《皇家天文学会月刊（MNRAS）》，460/2, 2016, pp. 1549-1554）。

🪐 我们会了解宇宙的结构吗？

　　海伦·库尔图瓦（Hélène Courtois）通过研究星系运动来探索引力。她发现了我们生活的银河系外大陆——拉尼亚凯亚，在专业研究领域和公众中都产生了国际影响。

库尔图瓦是法国 Vaulx-en-Velin 天文馆的赞助人，并在欧洲委员会担任专家已有十年。她也是里昂第一大学的教授和副校长，法国大学研究所的高级成员，法国学术棕榈骑士勋章的获得者。

最新出版书目：参与法国国家科学研究中心（CNRS）版本的《惊人的宇宙》（即将出版）；与法国宇航员米歇尔·托尼尼（Michel Tognini）共同出版的《空间探索者：宇宙边境之旅》（Dunod，2019 年）；《在银河之波上旅行：拉尼亚凯亚，我们的宇宙新定位》（Dunod，2016）(2017 年荣获《天空与宇宙》杂志的天文学书籍奖）。参与出版：与 F. 皮诺（F. Pinaud）和 J. 德塔兰特 (J. Detallante) 共同出版《两种无限之间》（Actes Sud Junior 出版社，2019 年）；与 M. 弗洛林 (M. Florin) 共同出版《科学问题》（CNRS Éditions 出版社，2019 年）；与 G. 阿尔梅拉斯（G. Alméras）共同出版《宇宙的超级周末》（Maison Georges 出版社，2018 年）；与 F. 波尔赛（F. Porcel）共同出版《太阳系的疯狂历史》（Dunod 出版社，2017 年）。

✦ 《我们可以去另外一个星球定居吗？》作者

罗兰·勒霍克（Roland Lehoucq）是法国原子能委员会（CEA）天体物理学部门的天体物理学家。他在巴黎大学政治研究学院和能源与环境的社会方法硕士课程任教。

勒霍克已经出版了许多书籍，并定期与《为了科学》（大众科学读物）和《比弗罗斯特》（科幻小说）等杂志合作。自 2012 年以来，他一直担任南特国际科幻节的主席。自 2018 年以来，他担任贝利亚尔出版社（Bélial'）"视差'"系列图书的主管。

他的最新出版物包括《太阳为什么闪耀》（humenSciences 出版社，2020 年）；与 L. 芒让（L. Mangin）和 J-S. 斯泰耶 (J.-S. Steyer) 共同出版的《托尔金与科学》（Belin 出版社，2019 年）；与 J-S. 斯泰耶 (J.-S. Steyer)、F. 朗德拉让（F. Landragin）和 C. 罗伯逊（C. Robinson）共同出版的《外星人的艺术与科学》（La Ville Brûle 出版社，2019 年）；与 J-S. 斯泰耶 (J.-S. Steyer) 共同出版的《因科学而生的电影》（Le Bélial' 出版社，2018 年）;《星球大战中的科学》（Le Bélial' 出版社，2017 年第三版）；与 V. 彭堂（V. Bontems）共同出版《物理学的暗思想》（Les Belles Lettres 出版社，2016 年）。

图书在版编目（CIP）数据

太空 /（法）尼古拉斯·马丁，（法）马修·勒弗朗索瓦著；刘芳君译. — 广州：广东人民出版社，2023.7
ISBN 978-7-218-16553-0

Ⅰ．①太…　Ⅱ．①尼…　②马…　③刘…　Ⅲ．①宇宙—儿童读物　Ⅳ．①P159-49

中国国家版本馆CIP数据核字（2023）第078148号

Espace © Hachette-Livre（Editions EPA），2020
Nicolas Martin, Matthieu Lefrançois
本书经由中华版权代理有限公司授权北京创美时代国际文化传播有限公司。

TAIKONG
太空

［法］尼古拉斯·马丁　　［法］马修·勒弗朗索瓦　著
刘芳君　译

出 版 人：肖风华

责任编辑：王庆芳　方楚君　杨言妮
责任技编：吴彦斌　周星奎
特约编审：单蕾蕾

出版发行：广东人民出版社
地　　址：广州市越秀区大沙头四马路10号（邮政编码：510199）
电　　话：（020）85716809（总编室）
传　　真：（020）83289585
网　　址：http://www.gdpph.com
印　　刷：北京中科印刷有限公司
开　　本：710毫米 × 1000毫米　1/16
印　　张：15.5　　　字　　数：176千
版　　次：2023年7月第1版
印　　次：2023年7月第1次印刷
定　　价：118.00元

如发现印装质量问题，影响阅读，请与出版社（020-87712513）联系调换。
售书热线：（020）87717307

出 品 人：许　永
出版统筹：林园林
责任编辑：王庆芳
　　　　　方楚君
　　　　　杨言妮
责任技编：吴彦斌
　　　　　周星奎
特约编审：单蕾蕾
特邀编辑：马志敏
封面设计：万　雪
印装总监：蒋　波
发行总监：田峰峥

投稿信箱：cmsdbj@163.com
发　　行：北京创美汇品图书有限公司
发行热线：010-59799930

官方微博

微信公众号

小美读书会
公众号

小美读书会
读者群